果蔬商品生产新技术丛书

提高豆类蔬菜商品性栽培技术问答

编著者
张建国　司书安　张全智　赵香梅
王文献　刘宏丰　曹海霞　李翠芹

金盾出版社

内 容 提 要

本书以问答方式对如何提高豆类蔬菜商品性栽培做了精辟的解答。内容包括：品种选择，栽培模式，栽培环境管理，病虫害防治，采收和采后处理，安全生产，标准化生产等与豆类蔬菜商品性的关系。全书本着联系实际，服务生产的宗旨，内容丰富系统，语言通俗易懂，技术先进实用，可操作性强，便于学习和使用。

图书在版编目(CIP)数据

提高豆类蔬菜商品性栽培技术问答/张建国等编著. —北京：金盾出版社，2009.9

(果蔬商品生产新技术丛书)

ISBN 978-7-5082-5850-8

Ⅰ. 提… Ⅱ. 张… Ⅲ. 豆类蔬菜—蔬菜园艺—问答

Ⅳ. S643-44

中国版本图书馆 CIP 数据核字(2009)第 110934 号

金盾出版社出版、总发行

北京太平路 5 号(地铁万寿路站往南)

邮政编码：100036 电话：68214039 83219215

传真：68276683 网址：www.jdcbs.cn

封面印刷：北京印刷一厂

正文印刷：北京军迪印刷有限责任公司

装订：兴浩装订厂

各地新华书店经销

开本：850×1168 1/32 印张：6.125 字数：150 千字

2013 年 8 月第 1 版第 4 次印刷

印数：19 001～22 000 册 定价：13.00 元

目 录

一、概　述

1. 何谓豆类蔬菜？主要包括哪些种类？

豆类蔬菜是指豆科 1 年生或 2 年生的草本植物，是蔬菜中以嫩豆荚或嫩豆粒作蔬菜食用的栽培种群。主要包括菜豆属的菜豆、莱豆、多花菜豆，豇豆属的豇豆，大豆属的菜用大豆，豌豆属的豌豆，野豌豆属的蚕豆，刀豆属的蔓生刀豆，扁豆属的扁豆，四棱豆属的四棱豆及藜豆属的藜豆等 9 个属 11 个种。

2. 豆类蔬菜有何特点？

豆类蔬菜在我国栽培历史悠久，种类多，分布广，是广大消费者普遍喜爱的蔬菜种类。包括菜豆、豇豆、毛豆、刀豆、豌豆、蚕豆、藜豆等，大多为喜温性蔬菜，除豌豆和蚕豆外，都原产于热带，不耐低温和霜冻，宜在温暖季节栽培；豌豆和蚕豆原产于温带，耐寒力较强，忌高温干燥，为半耐寒性蔬菜。豆类蔬菜属中光性作物，对日照时数要求不严格，但苗期在短日照条件下，能促进花芽分化，降低第一花序的着生节位。根系较发达，入土深，具有固氮能力，但再生能力弱，宜护根育苗。忌连作，应实行 2～3 年轮作，适于在微酸性至中性土壤中生长，不耐盐碱。

豆类蔬菜营养价值较高，富含蛋白质及较多的碳水化合物、脂肪、钙、磷及各种维生素和矿质元素。例如菜豆每 100 克嫩荚含蛋白质 1.1～3.2 克，碳水化合物 2.3～6.5 克，成熟种子的蛋白质含量达 22.5%；多花菜豆每 100 克嫩荚含蛋白质约 2.4 克，钙 3.3 毫克；蚕豆每 100 克豆粒含蛋白质 9～13 克，碳水化合物 11.7～

15.4 克。豆类蔬菜以鲜嫩的豆荚、种子及嫩茎叶为食用对象，滋味鲜美，品质优良，除供鲜食外，还可加工腌渍、制罐、速冻和作为脱水蔬菜原料，是我国出口创汇的优势品种，也是农业结构调整中比较突出的优质高效作物。

豆类蔬菜在蔬菜周年供应中起着重要作用。冬季有覆盖栽培的豌豆茎苗，阳春 3～4 月份有嫩豌豆、鲜蚕豆，5～6 月份有架豆、早毛豆，夏秋季节有豇豆、扁豆、毛豆、四棱豆等，扁豆的供应可延至 11 月份，以及随时都有绿豆芽、黄豆芽等，保证了市民餐桌一年四季的均衡供应。随着保护设施的不断更新，早熟、延后等反季节栽培技术的不断完善，不同种类的豆类蔬菜供应期大大延后，整个豆类蔬菜可以做到周年栽培和供应。

3. 豆类蔬菜生产的现状如何?

在众多的蔬菜种类当中，豆类蔬菜的突出特点是富含蛋白质、脂肪、维生素及矿物质营养。随着人们生活水平的不断提高，不仅对蔬菜的数量要求足量供应，对蔬菜的营养价值、外观品质、口感品质也提出了更高的要求，富含植物蛋白质的豆类蔬菜受到广大消费者的青睐。

联合国粮农组织的统计资料显示，近十几年来，我国豆类蔬菜生产面积和产量呈倍数增长。1990 年青豌豆的生产面积为 5.3 万公顷，总产量 40 万吨；2002 年的生产面积增至 20 万公顷，总产量 165 万吨，生产面积和总产量分别是 1990 年的 3.8 倍和 4.1 倍。1990 年菜用蚕豆的生产面积为 2 000 公顷，产量 1 万吨；2002 年生产面积为 3 500 公顷，产量 4 万吨，生产面积比 1990 年增加了 75%，产量翻了 2 番。当前，豆类蔬菜的生产除露地栽培外，还有大棚、温室、地膜覆盖等多种形式的保护地栽培。产品的供应期长，如菜豆嫩荚在大中城市已经实现周年供应。豆类蔬菜产品不仅在鲜荚供应中占有重要席位，而且经加工后制成的罐头、脱水菜和速冻产品也成为重要的出口蔬菜，主要销往日本和东南亚国家，在农业创汇中发挥着重要的作用。

4. 豆类蔬菜的发展前景与发展趋势怎样？

豆类蔬菜营养丰富，风味各异，是补钙、补铁的保健食品，深受国内外消费者喜爱，市场发展空间广阔。随着我国以节能日光温室为主体的设施园艺的发展，一些过去主要在南方或夏季栽培的豆类蔬菜，在北方的种植面积大幅度增加，反季节种植豆类蔬菜的面积与产量也逐年增加，既丰富了菜篮子，调节了蔬菜淡季市场供应，又使菜农自身获得高效益，有的地方已发展成为支柱产业。豆类蔬菜是我国出口创汇蔬菜的重要组成部分，软荚豌豆、速冻脆豆，保鲜及速冻毛豆、菜豆等都是很有发展前途的出口产品，有着广阔的市场空间。豆类蔬菜中的芽苗菜也是近几年发展较快的无公害、无污染、营养丰富的保健型蔬菜，可以不受季节限制而进行四季生产，日益受到消费者的喜欢，随着新型工厂化生产技术的发展和加快应用，有着极广阔的市场和发展前景。

豆类蔬菜的发展趋势：一是生产面积将继续扩大。随着我国城乡居民生活水平的不断提高和蔬菜出口业的发展，豆类蔬菜的生产面积将进一步扩大；二是对品质的要求更高。人们对豆类蔬菜产品的色泽、形状、整齐度、清洁卫生等外观品质和营养成分、安全性、口感风味提出了更高的要求，净菜包装、精品菜、礼品菜、无公害蔬菜、方便菜等竞相上市；三是生产标准化。我国蔬菜生产和产品标准正逐步制定颁布实施，标准化基地建设由点到面，逐步推进。根据市场需要，严格按照生产和产品标准发展无公害产品、绿色产品，以高质量的安全产品，创建具有影响力的品牌，开拓国内、国际市场。四是栽培方式多样化。为了满足周年供应和长季节提供加工产品原料的需求，豆类蔬菜生产的栽培技术必须进一步提高，更多的新技术，特别是设施栽培新技术将广泛推广，保护地栽培和反季节生产加快发展；五是新品种不断更新。根据市场和生产的需求，对豆类蔬菜的品种也提出了新的要求。目前公认的优质、抗病、丰产的优良品种得到推广利用。适于不同栽培方式、不同生态环境、不同用途（如鲜食、加工）及适于国际市场需求的品种或专用品种将不断推出，并得到推广利用。

5. 什么是豆类蔬菜的商品性？其商品形态有哪些？

豆类蔬菜的商品性是指豆类蔬菜进入市场进行交换，在流通过程中具有商品的特性，它是以市场需求为目标，通过买卖关系到达需求者手中而实现其经济价值。豆类蔬菜商品形态有蔬菜种子、蔬菜秧苗、鲜用蔬菜、贮藏蔬菜、加工蔬菜、运销蔬菜、深加工蔬菜等。

6. 豆类蔬菜商品性生产基地有何特点？

豆类蔬菜商品性生产基地具有 4 个特点：一是具有一定的生产规模，其产品能够形成一定的市场辐射能力；二是技术装备达到相应的水平，有相应的配套设施；三是利用优势自然条件，生产具有一定特色；四是实行专业化生产。

7. 豆类蔬菜产品的商品质量涵盖范围有哪些？可分为哪几个类型？

豆类蔬菜产品的商品质量主要是由豆类蔬菜的品质及其产品的商品化程度两方面构成的，它是衡量豆类蔬菜产品及其附属物市场性的客观尺度。它涵盖的范围包括：一是外观特征。包括色泽、大小、形状、整齐度等；二是质地特征。包括硬度、脆嫩度、致密性、韧性、弹性、纤维感、粉质感、黏稠度、汁液率等；三是风味。由产品中与风味有关的化学成分的种类、多少及配比构成的综合性状；四是营养及功能性营养。包括蛋白质、氨基酸、脂肪、碳水化合物、维生素、矿物质、纤维素、功能性营养成分等；五是清洁度。包括表面受污染程度和内在受污染程度。

豆类蔬菜商品质量可分为外观品质和营养品质两个类型。外观品质是指可以通过人们的视觉、嗅觉、触觉、味觉进行综合评价的质量特征特性。产品的缺陷，如畸形果、裂球、歧根、病斑、虫卵、虫孔、机械损伤、异味等均有反映。营养品质是指蔬菜产品中含有对人体健康有益的化学物质成分，或起食疗保健作用的功能性成分。

8. 豆类蔬菜外观商品质量具体包括哪些内容?

通常豆类蔬菜的外在质量易判断，可通过人的视觉、触觉和嗅觉进行简单的感官鉴定。豆类蔬菜外观商品质量具体包括以下 4 个方面的内容。

(1)合格质量　指豆类蔬菜在流通过程中消费者能接受的最低限度，低于这一限度就不能作为商品蔬菜上市。这个最低质量标准主要是根据是否有明显的遭受病虫害、机械损伤和生理病害及严重的菜体污染等来确定。例如，菜豆豆荚上有明显的病斑，在贮运及销售中受到较严重燃油、粉尘等污染，均应视为不合格商品。

(2)外观质量　主要指豆类蔬菜的颜色、大小、形状、整齐度及结构等可见的质量属性。整齐度是体现豆类蔬菜商品群体质量的重要指标。同一优良品种，在颜色、形状的整齐度上一般比较容易达到较高标准，而个体大小可能差异较大，虽然可以将其分为若干等级，但优质豆类蔬菜的商品率就会大大降低。

(3)口感质量　口感质量不容易从外观上判断，主要是通过食用后才能鉴别。口感是一个较复杂的质量内容，涉及风味、质地等多方面因素，另外还与消费者的口感、味觉差异有关。

(4)洁净质量　主要包括豆类蔬菜的清洁程度和净菜百分率两项内容。前者主要是指菜体表面是否受到明显的污染，后者指通过采后处理将豆类蔬菜不能食用的部分除去。

二、影响豆类蔬菜商品性的关键因素

9. 影响豆类蔬菜商品性的关键因素有哪些？

在市场经济条件下，随着社会经济特别是城市及工矿企业的发展，蔬菜生产正从自给性生产向商品性生产转化，以商品性生产为目的的蔬菜生产，其特点是生产经营比较集约化，专业化、社会化水平和商品化程度较高，蔬菜生产已形成了以追求市场效益为目标的庞大集团化产业。豆类蔬菜作为蔬菜生产中不可缺少的一种类别，其商品性生产同样在蔬菜商品性生产中占有重要的位置。要抓好豆类蔬菜的商品性生产，必须首先搞清影响豆类蔬菜商品性的关键因素。

影响豆类蔬菜商品性的关键因素主要有品种特性、栽培区域、栽培模式、栽培环境、病虫害防治、安全生产、标准化生产等因素，这些因素相互影响，彼此制约，共同影响着豆类蔬菜的商品性生产。

10. 品种特性与豆类蔬菜商品性的关系是什么？

豆类蔬菜自身的品种特性是影响其商品性的首要因素。要保证豆类蔬菜的商品性生产，必须选择品种特性优良的品种，因品种特性优良的品种均具有良好的外观品质和风味品质，综合性状优良，如豆荚色泽美观、表面光滑亮丽、肉质脆嫩、口感好、荚肉厚、纤维少、耐贮运、耐老化，抗逆性强，高产稳产，整齐度好等。正是由于优良品种的良好特性，使其拥有极好的市场商品性。选用品质优、商品性好的优良品种是栽培上的一个重要技术措施，是豆类蔬菜商品性生产的根本保证。

11. 栽培区域与豆类蔬菜商品性的关系是什么?

我国地域广阔，地理与自然条件复杂，如有全年有效积温≥8 000℃，最冷月平均气温不低于16℃，年极端最低气温多年平均不低于5℃，极端最低气温一般不低于0℃，终年无霜的海南岛等地；也有年积温在4 500℃～8 000℃，最冷月平均气温－8℃～0℃，夏季气温相当高，冬季气温相当低的华北和华南地区；还有年有效积温低于1 600℃～3 400℃，最冷月平均气温在－28℃～8℃，夏季平均气温多数仍超过22℃，但超过25℃的已很少见的内蒙古和新疆北部地区，及年有效积温低于2 000℃，日平均气温低于10℃，最热的气温也低于5℃，甚至低于0℃，气温日较差大而年较差较小，但太阳辐射强，日照充足的青藏高原地区等。

不同栽培区域具有不同的自然条件，对豆类蔬菜品种的要求和栽培管理，区域间的差异很大。如在我国北方各地春秋两季都可进行露地栽培，高寒地区因无霜期短，夏季凉爽，一般为夏播秋收。另外，不同地区人们的消费习惯也不尽相同，市场要求的豆类蔬菜品种、类型存在着很大的差异，而不同的豆类品种也具有不同的生态适应性和消费适应性。比如在我国北方普遍栽培的主要有菜豆、豇豆和扁豆，其次为豌豆和蚕豆；南方栽培的毛豆和刀豆较多。短日照型豆类品种在长日照下或长日照型品种在短日照下，均可引起营养生长加强而延迟开花，降低结荚率。为了保证豆类蔬菜的商品性生产，一定要根据不同的栽培区域，选择不同的品种进行生产，才能取得良好的经济效益。

12. 栽培模式与豆类蔬菜商品性的关系是什么?

豆类蔬菜的栽培模式有露地栽培、地膜覆盖栽培、大小拱棚栽培、日光温室栽培等，不同的栽培模式中又有不同的栽培茬次，如露地栽培中有春季露地栽培、秋季露地栽培、夏季露地栽培，日光温室栽培中有春提早栽培和秋延后栽培等。随着保护设施栽培水平的不断提高，现在豆类蔬菜几乎可周年生产供应市场。保护地栽培模式均可在不同程度上提早播种和收获并增加产量，从而提高了生产效益。如豇豆在大棚进行栽植，比在露地栽植提早上市供应，不但高产稳产，而且有较好的经济收入；同时还可以起到轮作倒茬减少大棚病害，增加收入。地膜覆盖栽培豇豆也可多结荚，增加产量，减轻病害。不同的栽培模式和栽培茬次相互配合，保证了豆类蔬菜的周年生产与周年供应，提高了复种指数，极大地促进了豆类蔬菜的商品性生产。

为适应不同的栽培模式和不同的栽培茬次，选择的豆类蔬菜品种一定要与所选的栽培模式相适应。一些适合温室、大棚栽培的品种，在露地栽培条件下单产可能很低；同样，适合露地栽培的品种，在保护地内因植株生长过于旺盛，容易造成严重的落花落荚而大幅减产。北方地区露地栽培的丰产品种，在南方地区栽培，由于气候的差异有的也严重减产。因此，不同的栽培模式应选择不同的适宜品种，这样才能取得豆类蔬菜生产的高产高效。

一般来讲，栽培时期短应优先选用早熟品种；栽培时期长应选用生长期较长的中晚熟品种；露地栽培应选用耐热、适应性强的品种；冬春保护地栽培应选用耐低温、耐弱光能力强，在弱光和低温条件下易结荚、适应保护地小气候环境的品种；越夏延秋栽培应选用生长势强、耐热抗病、适应性强、丰产的中晚熟品种。

13. 栽培环境与豆类蔬菜商品性的关系是什么？

豆类蔬菜的栽培环境因素主要包括温度、光照、土壤、湿度、气体等。豆类蔬菜中不同的品种类型要求的栽培环境不尽相同，除豌豆和蚕豆外，菜豆、豇豆、刀豆等所有豆类蔬菜原产于热带，为喜温性蔬菜，不耐低温和霜冻，宜在温暖季节栽培；豌豆和蚕豆原产于温带，耐寒力较强，忌高温干燥，为半耐寒性蔬菜，宜在气候温和凉爽的季节栽培。具体到每种豆类蔬菜对栽培环境又有其特别的要求，如菜豆喜温而不耐热，生长适温为 10℃～25℃，15℃～20℃为最适，在炎热地区难以越夏；而豇豆喜温、比较耐热，适于夏季栽培，生长发育适温为 20℃～30℃。

多数豆类蔬菜对日照长度要求不严格，但苗期受短日照影响，能促进花芽分化，降低第一花序的着生节位。豆类蔬菜根系发达，入土较深，比较耐旱，根部有根瘤与其共生，施用磷、钼、硼、锰等元素有利于根瘤生长和活动，但是过多的氮素会抑制根瘤菌的生长和固氮作用。由于连作会使根瘤菌分泌过多有机酸，增加土壤酸性，致使植株矮化、茎叶发黄，提早枯死，还会导致严重的病虫害，所以豆类蔬菜应实行 2～3 年轮作。

在豆类蔬菜的商品性生产中，一定要根据不同的蔬菜种类和品种选择不同的栽培环境进行生产，首先满足了其对栽培环境的要求才能保证产量；商品性生产仅有产量还不行，更要保证质量，因此豆类蔬菜的栽培环境还要保证有一个无污染的环境条件，如栽培基地的环境空气、灌溉水和土壤环境没有“工业三废”，这样生产的豆类蔬菜产品才能保证品质，只有产量、质量一齐抓，才能保证豆类蔬菜的商品性生产。

14. 采收和采后处理与豆类蔬菜商品性的关系是什么？

采收和采后处理是指从豆类蔬菜采收到食用的整个过程，豆类蔬菜采后处理是连接生产和市场，最终实现生产效益和生产目的的重要环节，是豆类蔬菜生产的延续，也是连接生产者和消费者的主要环节，只有及时而无损伤的采收，良好的包装，安全的运输，优质的贮藏保鲜技术，才能为市场提供优质安全的产品，达到豆类蔬菜生产的最终目的，进而获得良好的社会效益和经济效益。

采收是豆类蔬菜生产的最后一环，又是豆类蔬菜采后的最初一环。豆类蔬菜采收以及采收的一切操作是否适当，都直接影响将来的贮运损耗和加工品质。采收过早，不仅产品的大小和重量达不到标准，而且风味、品质和色泽也不好；采收过晚，产品已经成熟衰老，不耐贮藏和运输。采收工作一定要做好，否则即使在很好的技术条件下进行贮运和加工，也不会得到良好的结果。分级与包装则是实施豆类蔬菜采后商品化的重要措施。分级可将不同质量、大小的豆类蔬菜分开，大大提高豆类蔬菜的整齐度，进而将不同档次的豆类蔬菜投放不同市场，实现优质优价，提高产品的效益。包装是豆类蔬菜产品在采后流通过程中，对其进行保护而采取的技术措施。豆类蔬菜产品含水量高，组织脆嫩，易受机械损伤和微生物侵染，良好的包装可以保证产品的安全运输和贮藏，减少产品间的互相碰撞和挤压造成的机械伤害，防止产品受到尘土污染和病原微生物等侵染，抑制病虫害的蔓延和水分蒸发，保持产品优良的品质，提高产品的商品价值。合理的包装可加速豆类蔬菜采后处理的标准化和商品化，既有利于机械操作、减轻劳动强度，又有利于充分利用贮存空间、合理码放。美观的外包装，既有装饰的作用又能增强对产品的宣传，打造出蔬菜品牌，提升市场竞争力。贮藏保鲜是确保豆类蔬菜产品商品价值的有效途径之一，同时科学地进行贮藏保鲜可延长供货期，改善淡季蔬菜供应，缓解市场供求矛盾，增加产品附加产值。运输流通是连接豆类蔬菜生产和市场，实现豆类蔬菜商品生产最终价值的重要环节。伴随国内农业区域化布局的逐步形成，豆类蔬菜生产区域化、规模化、专业化的发展和豆类蔬菜流通国际化的进程，运输流通已成为豆类蔬菜商品生产的重要组成部分。

15. 病虫害防治与豆类蔬菜商品性的关系是什么？

豆类蔬菜的主要病害有锈病、白粉病、枯萎病、灰霉病、细菌性疫病、霜霉病、炭疽病、叶斑病等，主要虫害有蚜虫、豆荚螟、豆秆蝇、潜叶蝇等。锈病危害叶片，严重时也危害叶柄、茎和豆荚，除破坏植株叶面的营养面积外，主要是造成大量伤口，致使植株内水分丧失，对产量影响很大，病斑还会使荚部变成黑褐色，使荚不堪食用，极大地降低了豆类蔬菜的商品性；白粉病危害叶片，严重时也能危害茎蔓和叶柄；枯萎病使嫩枝和茎秆变褐色、植株萎蔫，最后死亡。豆荚螟的成虫产卵于花蕾和嫩梢，孵化后侵入花蕾为害，继而侵入荚内蛀食幼嫩豆粒，使荚内和蛀孔外堆积虫粪，不能食用。潜叶蝇以幼虫潜入叶片表皮内，专门钻食叶肉，在上下表皮间曲折穿行，留下弯弯曲曲、不规则的白色或灰白色隧道，叶片组织受到破坏，光合作用减弱，植株生长缓慢，对豆类产品的产量和种子饱满度影响较大。

由此可见，不管是哪种病虫害都在一定程度上对豆类蔬菜的植株造成了危害，而根、茎、叶是豆类蔬菜商品性的生物学基础，商品荚是直接上市销售的产品，对根、茎、叶的危害会影响豆类蔬菜植株的生长而造成减产，由于病虫害的影响使商品荚上出现病斑、小黑点、虫孔等而影响商品荚的外观，生病斑的结荚部位有时还会弯曲变形，大大降低了豆类蔬菜的商品性。因此，及时防治豆类蔬菜经常发生的主要病虫害可以提高其商品性，因为豆类蔬菜作为一种商品，商品性状的一致性和经济效益密切相关，良好的商品性不仅是栽培的需要，更是市场的需要。

16. 安全生产与豆类蔬菜商品性的关系是什么？

蔬菜是人类日常生活的必需品，它的生产和供应是关系到消费者身体健康的大事。豆类蔬菜作为蔬菜的一种，更以其丰富的营养和繁多的花色品种而得到大众的喜爱。但在豆类蔬菜实际的生产和销售中，产品中的金属物和非金属物、硝酸盐和亚硝酸盐、农药等残留污染的问题却时有发生，主要是因为有的生产者在生产过程中，超剂量、超标准、多次地使用化学肥料、剧毒农药、植物生长调节剂、除草剂等物质，并在施药后未达到安全间隔期就盲目上市。豆类蔬菜因生长速度快、采收间期短，容易导致蔬菜农药残留超标。正是由于豆类蔬菜产品中的残留问题，使消费者不敢食用，使菜农辛辛苦苦生产的产品在国内和国际市场上都不受欢迎，大大影响了菜农的经济利益。

针对蔬菜生产中污染严重的问题，2001 年农业部启动了无公害蔬菜生产行动计划，做了很详尽的规定，规定首先是抓蔬菜产品的安全质量。对于豆类蔬菜的安全生产有其相对应的一套安全生产标准，主要内容有建立无公害豆类蔬菜生产基地，做好生产过程的控制，主要对肥料和农药的使用按照无公害蔬菜的生产要求进行科学控制，引导农民正确合理使用农药、化肥等农业投入品，严格禁止高毒、高残留及明令禁用农药的使用，推广应用高效、低毒、低残留的农药，严格执行蔬菜安全间隔期的上市制度，所有上市的豆类蔬菜都必须在农药的安全间隔期后采收上市，加强农药残留检测，保证合格豆类蔬菜上市。安全生产保证了豆类蔬菜的品质，使菜农生产的产品销得出去，增加了菜农的收入，促进了豆类蔬菜的商品性生产。

17. 标准化生产与豆类蔬菜商品性的关系是什么？

蔬菜生产的标准化，就是遵循"统一、简化、协调、优化"的原则，对蔬菜生产的产前、产中、产后以及加工、经营、销售等活动，进行全程控制。即产前进行环境检测，所选用的农药、化肥、除草剂等必须符合无公害蔬菜生产的标准；产中，在生产的管理上须实施无公害蔬菜生产技术规程；产后，检测指标必须符合无公害蔬菜产品的卫生标准。通过制定标准和实施标准，确保蔬菜的安全、卫生、质优。豆类蔬菜根据其不同的栽培模式也有其对应的标准化生产体系，内容包括栽培类型、栽培品种的选择标准，播种技术、定植技术标准，水肥管理、病虫草害综合防治措施标准，采收采后处理措施等内容的标准化模式。

由于严格按照标准化技术规程操作，豆类蔬菜产品的质量安全水平明显提高，产品因其品质优良、色泽美观而受到广大消费者的青睐。更由于标准化生产技术到位，产品采收期不断延长，产量不断增加。豆类蔬菜的标准化生产增加了豆类蔬菜产品的产量，保证了质量，增强了竞争力，有效地促进了豆类蔬菜的商品化生产，提高了农民的收入。

18. 如何综合各因素的影响在栽培技术上提高豆类蔬菜商品性？

影响豆类蔬菜商品性的因素是多方面的、复杂的。这些因素相互联系、相互制约，只有综合各种因素才能切实提高豆类蔬菜的商品性。品种特性虽然是影响商品性的首要因素，但在实际生产中还要做好品种选择。品种选择必须根据不同的栽培区域、不同的栽培季节、不同的栽培模式和各地不同的消费习惯等来进行，只有选择适宜当地栽培的适销对路的优良品种，运用先进的栽培管理技术，良种配良法，才能确保豆类蔬菜产品获得高产。商品性生产光有产量也不行，还要有良好的品质，豆类蔬菜无公害生产技术规程和豆类蔬菜标准化生产体系为其商品性生产提供技术保证，主要以产地环境条件、生产技术规程、产品质量标准、采后加工等的一套豆类蔬菜生产的标准化生产体系，确保豆类蔬菜产品优质、健康，使消费者买得放心，吃得放心。

三、品种选择与豆类蔬菜商品性

19. 豆类蔬菜的品种应有哪些优良性状?

豆类蔬菜品种的优良性状主要体现在下列几个方面。

(1)优良的品质 包括形状、色泽等外观品质和营养成分、口感风味等内在品质。外观形状、颜色等要适合消费者要求,大小整齐一致,美观光亮,色泽好,品质鲜嫩等。加工型品种必须具备优良的加工特性。

(2)显著的丰产性 品种本身应具有较强的丰产潜力,通过相应的栽培技术,发挥其增产潜力,能获得较高的产量。如果一个品种本来就增产潜力很小,再好的栽培技术也难达到丰产栽培目的。一般要求比普通品种增产10%以上,对不同熟性的品种增产要求的侧重点也不同。早熟品种要求前期产量高,总产量相对也较高;晚熟品种总产量要有明显的优势。

(3)较强的抗逆性 抗逆性主要是指对不适宜的温度、光照、水分等的适应能力。不同栽培季节和栽培方式对优良蔬菜品种抗逆性要求的侧重点不同,适宜春播的品种,要有一定的耐低温能力;夏播品种应具有耐高温能力;保护地栽培品种,要具有耐低温、弱光及潮湿的特性。

(4)较好的综合抗病性 表现在相应病害流行年份能明显减少损失,比不抗病的品种有较显著的增产效果。

(5)适宜的熟性 只有品种熟性适宜,在优良栽培技术配合下,及时成熟,避免寒冷、炎热等逆境伤害,才能达到优质、高产的栽培目的。豆类蔬菜多以采收嫩豆荚为主,一般多分批分次采收,其产品成熟应具有较强的连贯性。

品种的优良是相对的，只有在一定的地区、一定的季节，加上科学的种植及管理措施，优良品种才能成为真正的优良品种；如果在不适宜该品种生长的地区和季节种植，或管理不当，其优良的品质也会丧失。

20. 豆类蔬菜引种选种应注意哪些事项？

豆类蔬菜种类多，它们的起源地的地理位置、生态环境不同，因此不同种类形成了各自不同的生物学特性。同一种类的不同品种，因长期所处的栽培地域和环境条件不同，适宜其生长的温度、光照、水分、土壤等条件也存在明显的差异。因此，豆类蔬菜引种选种要进行实地考察，对引种地区和当地的生态环境、生产水平和计划选择品种的生态类型、特征特性等进行全面的科学调查分析，以提高选种的成功率。具体应注意以下几方面的事项。

第一，不同种类的豆类蔬菜具有不同的生物学特性，如豌豆起源于温带地区，属长日照作物（日照时数 12～14 小时及以上），要求在较长的日照条件下开花结荚，或长日照有利于其开花结荚，不耐 25℃以上的高温干旱，这是豌豆特有的生物学特性。菜豆、豇豆、菜用大豆、扁豆等属短日照（日照时数 12～14 小时以下）、喜温暖的作物，开花结荚要求较短的日照条件，较短的日照有利于其开花结荚。基于上述特点，在不同纬度地区间相互引种特别是纬度跨度较大的地区间相互引种，应当注意由日照长短及由此引起的温度变化带来的影响，引种对日照反应不敏感的品种较易成功。一般早熟品种属于对日照反应不敏感的品种或中性品种，晚熟品种敏感程度较高。另外，在安排栽培季节时也要注意作物对日照反应的特点，如春夏季与秋冬季的日照长短差异明显，在北方地区这种差异尤为突出。

第二，同一种类不同品种对生育环境的适应能力差异较大。

适应能力强的品种，在环境条件发生较大变化时仍能正常生长发育。如矮生菜豆供应者、豇豆品种之豇28-2、豌豆品种中豌4号等的适应能力很强，基本在全国范围内均能栽培。我国不同地区对豆类蔬菜的荚形、荚色等外观消费习惯不同，因此选用品种时除要考虑品种的适应性外，还应考虑产品的商品性与当地市场需求的一致性，使产、供、销的路子畅通。

第三，品种的生态型与当地生态条件应具有一致性。品种原产地的特定环境条件使其形成了一定的特征特性和对环境条件的特定要求，这就构建了品种的生态型。引种时要引进能适应当地气候条件的生态型品种。一般纬度相同或相近的地区气候条件比较接近，相互间引种成功率较高；纬度相差较大的地区间引种，作物的生长发育状况较易发生明显变化。纬度相同但海拔高度不同的地区，气候条件也存在明显的差异，海拔每升高100米，则温度降低1℃。因此，纬度相同而海拔高度不同的地区间引种不易成功，而纬度偏低的高海拔地区与纬度高的低海拔地区间引种成功的可能性较大。纬度相同，邻近海洋地区和地处内陆地区的气候条件也有差异，沿海地区的昼夜温差较小，气候比较温和，从沿海地区引种到内陆的品种往往因抗逆性等原因而不易成功；反之，从内陆地区引种到沿海地区的品种较易成功。另外，在引种过程中比较两地生态环境时，还应注重实际栽培季节的比较。因为豆类蔬菜的生育期较短，不同地区可通过在不同季节栽培来满足其生长发育对环境条件的需求。如豌豆属耐寒作物，不耐高温干旱，北方地区多做春播，在炎夏来临前收获完毕；在南方地区则多做秋播春收。

第四，从正规渠道引进已审定检疫的品种。由于种苗均有携带产地病虫害的可能，因此为了防止新病虫害的传入，对引种的材料都要经过严格检疫，合格后方可试种繁殖。要从信誉好、科研实力及经济实力强的正规种业（集团）公司和科研单位引进已检疫过的品种,种子有规范化的包装,有切合实际的品种特征特性和栽培要点说明,可供引种时参考。

第五,坚持先少量引种试验再示范推广。一个品种从原产地被引入到另一个地区后,由于所处的气候、土壤条件、栽培技术及流行的病虫害等变化,都可能使品种原有的性状表现发生变化。因此,从外地引入品种后,必须经过试验。由于年度间气候有差异,最好将引进的品种进行 2 年以上的栽培试验,以正确判断该品种对本地气候的适应性和市场销售的可行性,然后再逐步示范推广,以免造成大的损失。

21. 豆类蔬菜的种子检验项目包括哪些内容?

(1)种子净度检验 种子净度检验按 GB/T 3543.3 农作物种子检验规程净度分析执行。种子净度又称种子清洁度,是指供检样品中,除去杂质和其他植物种子等杂物后,留下本作物净种子重量占样品总重量的百分率。种子净度是衡量种子质量的重要指标之一,它不仅关系到种子的利用率,还关系到作物的生长发育及贮藏和运输。在种子生产中,不论是原种还是生产用种,其净度都要达到 99%以上。

种子净度(%)=(纯净种子重量/供检种子重量)×100

(2)种子纯度检验

①幼苗形态鉴定法 种子纯度检验主要以幼苗形态鉴定法为主。幼苗形态鉴定法又叫田间种植鉴定法。是将种子种植在一致的控制环境下进行幼苗和植株的测定,以幼苗或植株在生育期间的形态特征和生物学特征为依据进行鉴定。种子纯度检验一般在幼苗期、抽蔓期、开花结荚期分 3 次进行。检验取样根据采种田面积而定,面积较大时,每 667 平方米取 2 个样本,每个样本取 20～30 株。幼苗期主要检验子叶、基生叶、复叶和幼茎的形状、颜色等,表现是否具有繁育品种的典型性;抽蔓期和开花结荚期检验始

花节位、花形、花色、相邻花序间隔的节数、分枝数量、蔓生菜形成蔓的时期等。原种纯度必须达到99%以上。幼苗形态鉴定法按下列公式计算品种纯度。

品种纯度(%)=(本品种株数/检验株数)×100

②室内种子形态检验法　种子纯度的室内检验按 GB/T 3545.3 执行。一般用种子形态鉴定。鉴定时以原有标准样品种子作对照，根据待检种子的形态、大小、色泽等特征，通过肉眼或解剖仔细观察 200～400 粒种子。这种检验方法按下列公式计算品种纯度。

品种纯度(%)=[(样品种子粒数－异种子粒数)/样本种子粒数]×100

(3)种子发芽力检验　种子发芽试验按 GB/T 3543.3 执行。种子发芽力是种子播种品质的最主要指标之一。通常用发芽势和发芽率来表示。种子发芽率是指 9 天内正常发芽种子数所占供试种子数的百分率；发芽势是指 5 天内发芽的种子数占供试种子数的百分率。种子发芽率检验的方法是从净度检验后的种子中随机取样 4 份，每份 100 粒，分别摆放在内铺 2 层滤纸的培养皿上，贴上标签，并在标签上注明品种名称、样品号、重复次数和日期等。置于温箱中变温保湿催芽。变温为每天保持 20℃16 小时、30℃8 小时；空气相对湿度保持在 90%～95%。按照下式计算各份样品的发芽率和发芽势，用 4 次重复的平均值表示发芽率和发芽势。

发芽率(%)=(9 天内正常发芽的种子数/供检验的种子数)×100

发芽势(%)=(5 天内正常发芽的种子数/供检验的种子数)×100

(4)种子含水量检验　种子含水量测定按照 GB/T 3543.6 执行。种子含水量是指种子中所含水分占样品重量的百分率。种子应含适量的水分，否则就会被压碎、挤扁，具有安全水分含量的种子有利于运输、贮藏。检测种子含水量的方法很多,有烘干法、真空干燥法、电测法等。生产中一般用标准电烘箱法来检验菜豆种子的含水量。具体检验方法是先将样品盒预先烘干、冷却、称重,并记下盒号。然后从磨碎的种子中称取试样 2 份,每份 4.5～5 克,装入预先烘干、称过重的样品盒内,称重之后放入烘箱中(菜豆种子一般采用高温烘干法)。首先将烘箱预热至 140℃～145℃,打开烘箱门 10 分钟后,烘箱温度应保持在 130℃～133℃,样品烘干时间为 1 小时。关闭烘箱开关,打开箱门,盖好盒盖,放在干燥器内冷却 30～40 分钟称重,计算含水量。两次称重差距不超过 0.2%时,求出平均值,计算含水量,若差距过大应该重新测定。测定中称量精度为 0.001 克,含水量计算精度为 0.1%。按下式计算。

种子含水量(%)=[(烘前样品重－烘后样品重)/烘前样品重]×100

(5)种子千粒重检验　千粒重是指在含水量为 8%时 1 000 粒菜豆种子的重量。不同品种千粒重不同,但同一品种的种子千粒重基本上是一定的。在标准含水量条件下,种子的千粒重反映种子的饱满度。检验种子千粒重时,先将种子混匀,随机连续数取种子样品 2 份,每份 1 000 粒,称重。在两次称重相差低于 5%时,计算平均值,求得种子的千粒重。

22. 四棱豆的主栽品种有哪些?

四棱豆属多年生蔬菜,一次种植多年收获,品种选择至关重要。生产上多选用印度尼西亚品系的品种,其小叶卵圆形、三角形或披针形等,茎、叶绿色,花浅紫色、白色、淡蓝色或深红色,荚果具四翼,波状边缘,绿色,稍带紫色。荚长 18～20 厘米,内具 8～10 粒种子。种子小球形,有光泽。主栽品种有早熟翼豆 833、合 85-6、桂丰 1 号、桂矮、早熟 1 号、早熟 2 号、铜仁翼豆 1 号、933、

K009、K014等。

(1)早熟翼豆833 中国科学院华南植物研究所从澳大利亚引进四棱豆品种“H45”中的早熟变异株系选育成的早熟新品系。经济性状好,成熟期早,适应范围广,其开花期比较早,开花期比亲本提早63天,成熟期也相应提早。蔓长4～6米,叶互生,阔卵形至阔菱形。茎、叶绿色,株高30厘米处主茎叶腋着生一花序,为总状花序,花冠蓝色。荚果四棱形,嫩荚绿色,成熟荚为黑褐色。种子近圆形,种脐稍突起。种皮米黄色。荚长16～27厘米。单荚种子数8～13粒,单荚种子重2.8～3.2克,百粒重31克。近地面的根系能膨大成块根。该品种具有固氮能力强、抗病毒病、所需有效积温低、对光照不敏感等特性,是目前原产于潮湿亚热带地区短日照植物北引种植成功的品种。

(2)合85-6 安徽省合肥市农林科学研究所选育的中早熟优质新品系。茎圆柱形,空心无毛,茎蔓长2～3米。荚长8～25厘米,宽1.5～3.5厘米,内具7～15粒种子。种子近球形,深褐色,有光泽,种脐大而明显,百粒重20～32克。根系发达。生育期为125～210天,喜温暖、不耐寒、不耐旱、喜湿润、忌高温。

(3)桂丰1号 广西农业大学从国外引进的四棱豆品系“Kus-12”中选育的极早熟品种。主蔓长3米左右,有3～6条侧蔓。适于密植栽培,每667平方米可种植4 000～6 000株。豆荚扁平状,肉质肥厚,不易纤维老化。嫩豆荚淡绿色,平均每荚种子数为9.7粒,成熟种子深灰色,百粒重26克。最初花序的着生节位为4～6节。

(4)桂矮 广西农业大学从蔓生四棱豆品系“Kus-8”选育的自然突变体“Kus-101”品系,是经济性状好而又不用搭架栽培的矮生品种。桂矮为自封顶的有限生长型品种,分枝能力强,植株呈丛生状,主蔓生长11～13片真叶后,其顶芽即分化为花芽而自封顶。主蔓长约80厘米,但主蔓的第一至第九节节间短,只占主蔓长的1/4左右。子蔓生长出3～6片叶后，其顶芽又分化为花芽而自封顶。主蔓、子蔓和孙蔓各茎节的腋芽都可以分化出花芽而开花。花为腋生总状花序，每花序有小花2～8朵，花冠淡紫色。嫩豆荚绿色微带黄色，长18厘米，豆荚横断面呈正方形，单株结荚数为45荚左右。成熟豆荚黑褐色，种皮黄褐色至褐色。根系发达，须根能着生大量根瘤，根系能膨大成肥大的块根。每667平方米可产嫩豆荚1100多千克，成熟种子约247千克，块根约95千克。每667平方米用种量为0.5～0.75千克。南方播种期在5～7月份，8～9月份始收，10～12月份为收获期。北方3～5月份播种或育苗，8～9月份始收鲜荚，10月下旬至11月上旬收种子。

(5)早熟1号　中国农业大学对中国科学院华南植物研究所选育的“早熟翼豆833”品系，经多年早熟定向选育而成的品种。该品种蔓长3.5～4米，茎蔓光滑无毛，左旋性缠绕生长，茎基部1～6节可分枝3～4个，分枝力较强。小叶阔卵形至三角卵形，茎叶绿色。腋生蝶形总状花序，每个花序有小花数朵至10余朵，花淡蓝色。单株结荚40～50个，荚长16～18厘米。成熟荚黑褐色，不裂荚。种子近圆形，种脐稍突，种皮米黄色。单荚内具8～13粒种子，单荚粒重3～3.2克，百粒重为26～28克，籽粒与荚壳重量之比为1∶1。80%～90%植株的近地面根系可膨大成块根，块根长宽为3.5厘米×1.5厘米～1.5厘米×2.2厘米，呈粗纺锤形。单株有块根2～6个，每667平方米产块根89千克，嫩荚721～816千克，干豆粒80～120千克。在北方温带地区，块根不能直接在田间越冬。

23. 扁豆的主栽品种有哪些？

扁豆的主栽品种有猪耳朵扁豆、白花扁豆、紫边扁豆、湘扁豆1号、湘扁豆2号、春扁豆等。

(1)猪耳朵扁豆　嫩荚长7厘米以上，宽3～4厘米，内具4～

5粒种子，嫩绿质脆，高产优质，在市场上很畅销。植株蔓生，生长势较强，分枝性中等。茎蔓紫红色。叶片绿色，阔卵形。主蔓第6～7节着生第一花序，花冠紫色。嫩荚猪耳朵形，浅绿色，生长后期嫩荚背腹线部呈紫红色。单荚重8～10克。种子近圆形，种皮黑色，种脐白色。肉质嫩，味鲜美，品质佳。中熟，播种后75天左右采收嫩荚。耐热、耐寒、耐旱，抗病性强。

(2)白花扁豆 茎、叶柄绿色，花白色，荚绿白色，种子褐色或黑色，以嫩荚或种子食用。常种植的品种如簇荚白花扁豆，荚长5～8厘米，宽1～1.5厘米，内具3～5粒种子。该品种适应性广，结荚性强，产量较高，但嫩荚品种一般。

(3)紫边扁豆 晚熟品种，从播种到嫩荚采收需80余天。作日光温室栽培用种，优点是适应性强、抗病、产量高。豆荚棱形，浅绿带紫色，边紫色。荚长12厘米，宽3.6厘米，厚0.4厘米，平均单荚重10.2克，嫩荚纤维少，品质上乘。

(4)湘扁豆1号(常扁豆1号) 湖南省常德高等专科学校特种蔬菜花卉研究所通过系统选育而成的特早熟红花扁豆新品种，主蔓长4.1米，节间长2.8～18.5厘米，第一花序产生于第二节位上，单株花序81个，花紫红色，每花序结荚4～10个，单荚重7.15克，种子黑色，荚眉形、淡白色。特早熟红花扁豆品种，耐热、耐寒性较好，田间表现抗病毒病和枯萎病。一般每667平方米产量为2 000千克，播量500～750克。全生育期240天左右。

(5)湘扁豆2号(常扁豆2号) 湖南省常德高等专科学校特种蔬菜花卉研究所通过系统选育而成的特早熟红花扁豆新品种。主蔓长3.4米，第一花序生长于第二至第三节位上，每花序结荚7～12个，鲜荚长9.66厘米，宽2.57厘米，厚0.57厘米，单荚重6.78克，种子棕红色，荚眉形、淡绿色。特早熟白花扁豆品种，抗寒、耐热，田间表现抗病毒病和枯萎病。一般每667平方米产量在1 787千克以上。

(6)春扁豆 为人工杂交一代白扁豆，花红色，豆荚青白色，光滑嫩脆，荚长肉厚，极早熟，产量高，品质佳，是反季节上市、抢价格的新品种。从移栽至初收 45～50 天，在第四至第六片叶开始节节发生花序，主侧蔓均结荚，基部开始结荚，边长边结，主蔓可长至 2.5 米，同一花序可多次结荚。该品种可连续采收 6 个月，每 667 平方米产嫩荚 3 000～3 500 千克，适合城郊和蔬菜基地规模种植。

24. 棚室扁豆栽培如何选用优良品种？

一般选用早熟、耐低温、单花序结荚多、主侧蔓结荚强、采收期长、荚肉厚嫩、抗病性强、商品性和丰产性都高的品种。如寿光绿荚猪耳朵扁豆、三红（红花、红茎、红荚）扁豆、紫边扁豆、红镶边绿扁豆等。

25. 毛豆有哪些主栽品种？

菜用毛豆品种，按其生育期可分为早、中、晚熟 3 种。

(1)早熟种 生育期在 90 天以内，一般于 5 月下旬至 6 月下旬采收，如早生白鸟、AC10、华春 18、宁疏 60、大丰、上海三月黄、杭州五月白等。

(2)中熟种 生育期为 90～120 天，一般于 7 月上旬至 8 月上旬收获，如楚秀、宁青豆 1 号、辽鲜 10 号、杭州六月白、南京白毛六月黄等。

(3)晚熟种 生育期为 120 天，品质最佳，9 月下旬至 10 月下旬收获，如通州豆、夏丰 2008、杭州五香毛豆、南京大青豆等。

26. 刀豆有哪些栽培品种？

刀豆有 2 个栽培种。

(1)蔓生刀豆 别名大刀豆、刀鞘豆等。原产于亚洲和非洲热带地区。

(2)矮生刀豆 别名洋刀豆。原产于西印度、中美洲和加勒比海地区。

27. 对加工出口的青刀豆品种有哪些要求?

适合加工出口的品种要求开花结荚集中,嫩荚圆而直,粗纤维含量低,荚长12～15厘米,茎粗0.5厘米左右,绿色,耐热、抗病。主要栽培品种有93-8、供给者等。

28. 荷兰豆的主栽品种有哪些?

目前使用的品种既可以在露地栽培,也可以在保护地里栽培。

(1)阿拉斯加 从国外引进的早熟品种。该品种从播种至收获嫩荚需60～65天,至种子成熟需85～90天。株高1米,荚绿色。种子圆球形,绿色。

(2)大荚豌豆 广东地方品种。该品种茎叶粗大,株高200～220厘米。花紫色,荚浅绿色,长13～14厘米,爽脆清甜,品质好。

(3)晋软一号 山西农业大学杂交培育而成。该品种株高150～200厘米,分枝力强,荚长,宽2～2.5厘米,品质好。

另外,还有台湾大荚、台湾11号等品种表现也好。

29. 生产出口保鲜荷兰豆的主栽品种有哪些?

(1)日本小白花 从日本引进的优良的创汇品种。该品种较早熟,豆荚色泽墨绿,荚长4～6厘米,几乎不弯曲,整齐度高,商品性好。花白色,耐寒性中等,抗病性较强,适应性广,但生产周期短,总产量不高。

(2)台中11号 该品种产量高,中熟,花白色,豆荚色泽鲜绿,长5～9厘米,整齐度好,保鲜期长,但耐寒性稍差。

(3)饶平2花 该品种晚熟,花紫红色,结荚较多,荚长4～7厘米,豆荚色泽暗绿,耐寒性较强,产量高。

30. 甜豆的主栽品种有哪些？

甜豆的主栽品种有奇珍、粤甜豆1号、粤甜豆2号、改良奇珍76、台湾新竹甜豌豆、绿珠甜豌豆、绿珍甜豌豆、海绿甜脆豌豆等，其中以奇珍、美珍、珍密和爽密等品种为好，一般每667平方米产量为800～1000千克。

(1)奇珍 耐寒而不耐热，适宜生长温度为16℃～23℃。植株半蔓生，蔓长1.8～2.5米，分枝力强，结荚多，每株可结荚20～30个及以上，荚大粒大，花白色，豆荚圆长形，属软荚型品种。每100克豆荚中含蛋白质1.3克，维生素30.8毫克，营养丰富。其结荚饱满，颜色青绿，外形美观，食味甜脆爽口，深受消费者欢迎。

(2)粤甜豆1号 广东省农业科学院蔬菜研究所选育，属蔓生种，早熟，生长势强，耐热性好。株高2.3米以上，播种至初收55～68天，可连续采收70天以上。始花节位10～13节，单株结荚30个以上。单荚重5～7.5克，荚长6～10厘米，宽1.2厘米，厚0.8厘米，荚形为长扁筒形，荚色青绿，甜脆、品质优。丰产栽培每667平方米产量为1 000千克以上。

(3)粤甜豆2号 广东省农业科学院院蔬菜研究所从1993年引入品种中系统选育的甜豌豆新品种。属蔓生品种，株高2.4米以上，侧蔓2～3个，主茎第十二节位开始着花，花白色，多为单花。豆荚长扁圆形，稍弯，长6～9厘米、宽1.2厘米、厚0.6～0.8厘米。单株结荚35个以上，单荚重5～7克。荚色青绿，种子绿色。从播种至采收57～62天，可连续采收70～80天。豆荚甜脆，口感好、品质优，耐热性中等，但不抗白粉病。

(4)改良奇珍76 是20世纪90年代从台湾引入的。蔓生，株高1.6～2.2米，茎粗，叶厚、深绿色，花白色，单花或双花，嫩荚翠绿色，荚形肥圆，含糖量高，质嫩脆甜，产量高。单荚重5～7.5克，荚长6～9厘米，宽1.2厘米，豆荚长圆筒形，稍弯，绿色。种子皱缩，浅绿色。荚甜脆，纤维少，品质优，单株结荚 30 个以上。较耐热。早熟，播种至初收 60～75 天。每 667 平方米产量为 1 000～1 500 千克。

(5)台湾新竹甜豌豆 广东省良种引进服务公司从台湾引进的新品种。植株蔓生，株高约 2 米，生长强健，抗病性强，产量高。白花，花序 1 或 2 荚，荚长 7～8 厘米，重约 7 克，嫩荚脆绿色，荚圆形，豆仁大粒，甜度高，爽脆，适于生食、凉拌及炒食。早熟，播种后 50 天开始采收。

31. 温室栽培芸豆如何选用良种和选种？

选用良种是夺取温室高产高效的首要条件。生产上，多选用较耐低温，对光照要求不严，抗病、丰产、品质优良的早中熟品种。适宜温室栽培的品种有绿龙 13、丰收 1 号、春丰 4 号、特嫩 5 号、双季豆、绿丰、优胜者、供给者等。

(1)绿龙 13 河北省石家庄市蔬菜花卉研究所育成。植株蔓生，生长势强。茎深绿色，叶片深绿色，花冠白色。嫩荚深绿色，扁条形，荚长 22～27 厘米，荚宽 1.8～2 厘米。单荚重 23 克左右。春播 45～50 天开始采收嫩荚，一般每 667 平方米可产嫩荚 2 000 千克。抗病性强，适应性广。荚面光滑，商品性好。

(2)丰收 1 号 中国农业科学院蔬菜研究所试种、筛选育成，现已推广至全国各地栽培。适种地区有北京、山西、内蒙古等地春秋两季栽培。植株蔓生，生长势中等，分枝力强，花白色，每个花序结荚 5～6 个。嫩荚扁条形，弯曲似镰刀形，荚长约 20 厘米，宽1～1.6 厘米，单荚重 16～17 克。嫩荚绿色，荚面略有凸凹不平，肉较厚，纤维少，不易老，品质好。种粒肾形，皮乳白色，千粒重约 364 克，每荚内具 5～7 粒种子。早熟品种，从播种至采收嫩荚约 60 天，采收集中。每 667 平方米产量为 1 500～2 500 千克。较耐热，抗病性强，适应性广。

(3)春丰4号 天津市农业科学院蔬菜研究所育成。植株蔓生,株高约3米,生长势较强,有分枝2～4条。花白色,每花序有花8～12朵,每花序结荚2～4个,单株结荚数30～40个。嫩荚绿色,荚长18～22厘米,宽1.34厘米,厚0.89厘米,单荚重15～20克。嫩荚近圆棍形,稍弯曲,肉厚,纤维少,水分少,品质好。早熟,从播种至嫩荚始收50～55天,采收期30天左右。耐盐碱能力强。每667平方米产量为2 000～2 500千克。适宜北方各地栽培。

(4)特嫩5号 大连市农科所育成。嫩荚白绿色,无筋。荚长17～18厘米。品质好,产量高,商品性较好。适于棚室提早或延后栽培。

(5)双季豆 植株蔓生,株高2.5米以上,叶色绿,长势旺,花白色,荚浅绿色,长20～25厘米,平均单荚重21克,属大荚类型。种子大粒,拱土能力强,一次可出全苗,苗期生长迅速,上架快。豆荚肉厚,耐老熟,嫩脆,纤维少,品质佳,荚繁多,每花序可结荚4～6个,结荚期长,抗病性强,适应性广,春秋两季均可种植。春季主蔓4～5节着生第一花序,秋季主蔓5～6节着生第一花序,平均每667平方米产量为3 000千克左右。

(6)绿芸一号 郑州市蔬菜研究所育成。早熟、蔓生、丰产,以主蔓结荚为主,前期产量高。荚色绿白,肉质厚嫩,不易老化,品质及商品性佳,抗病、耐热,春、夏、秋季均可露地栽培。

当品种选定以后,为了保证发芽整齐、苗全、苗壮,要进行种子精选。要选择籽粒饱满、有品种特性、有光泽的种子,剔除有病斑、虫伤、霉烂、机械混杂的种子。2年以上的陈种发芽力和发芽势都较弱,不宜采用。播种前晒种1～2天可提高发芽势,并使发芽整齐。

32. 常用豇豆品种有哪些?

豇豆的主栽品种有之豇28-2、青豇901、张塘豇豆、白豇2号、上海33-47、春秋红紫皮长豇豆、湘豇一号、双丰一号、I2828、

I2820、高产4号、青丰豇豆、大豇2号等。

(1)之豇28-2 植株蔓生。花紫红色，三出复叶，叶片绿色。播种至采收80天左右。嫩荚浅绿色、荚长60～70厘米，品质好。抗病力强。每667平方米产量为1 500千克。宜作春秋两季栽培。秋季栽培每667平方米产量为1 000千克左右。

(2)青豇901 植株蔓生。花紫红色，三出复叶，叶片绿色。播种至采收80天左右。嫩荚深绿色，一般荚长60～75厘米，品质好，抗病力强。一般每667平方米产量为1 500千克。适合本地低山、丘陵、河谷地区作春季栽培。也可用于低山地区秋季作反季节栽培。反季节栽培每667平方米产量为1 000千克左右。

(3)张塘豇豆 为上海地方品种，20世纪80年代引入重庆市郊栽培。生长势强，叶较大，有3～5个分枝。第六节开始着生花序，以后每隔2～3片叶生1花序。荚长60厘米左右，中熟，较之豇28-2晚熟5～7天。嫩荚青绿色，肉质厚，脆嫩，耐高温干旱，春、秋两季均可栽培，每667平方米产量为1 000千克以上。

(4)白豇2号 江苏省南京市蔬菜研究所育成。蔓生，生长势强，早中熟，生育期88～110天。嫩荚绿白，荚长65～70厘米，质嫩，纤维少，口味好，品质佳。耐热、耐涝、耐干旱，不耐低温。较抗叶斑病，适应性较广。每667平方米产嫩荚2 000～3 000千克。适宜长江中下游地区栽培。

(5)上海33-47 上海市农业科学院园艺所育成。蔓生，蔓长3米左右，分枝少，第四至第五节始花，嫩荚淡绿色，长约80厘米，单荚重30克左右。抗锈病、灰霉病，耐热，耐低温。春播每667平方米产嫩荚2 500千克以上，高产田达5 000千克，一般较之豇28-2增产14%～18%。质嫩，纤维少，品质佳。适宜长江中下游地区栽培。

(6)郑豇2号 郑州市蔬菜研究所育成。早熟，主侧蔓均可结荚，以主蔓结荚为主，商品嫩荚绿色，肉质厚嫩，不易老化，品质极佳，抗锈病、耐热、高产，春、夏、秋季均可栽培。

33. 塑料大棚春早熟豇豆如何选择品种？

大棚春早熟豇豆栽培要选择早熟高产、株型紧凑、节间短、叶片小、第一雌花节位低、结荚率高、连续结荚期长、耐湿、耐低温弱光能力强、商品性突出、适合当地种植习惯和市场消费要求的品种，如之豇 28-2、之豇特早 30、扬豆早 12、宁豇 1 号、早翠等。

34. 鲜食大豆的优良品种有哪些？

鲜食大豆的主栽品种有台湾 75、日本 8901、日本 292、徐春 2 号、交选 2 号、引豆 9701、七星一号等。

(1)台湾 75　从我国台湾省引进，为台湾以及江浙沿海一带的主栽鲜食大豆品种，商品性好，是目前品质和产量较高的鲜食大豆品种之一。该品种具有荚粒大、色翠绿、清甜可口、糯性极好等特点，是国内外市场销售和速冻的优良品种。一般植株高 60～65 厘米，株型紧凑，耐肥，抗倒，圆叶有限生长型。单株结荚 18 个左右，分枝平均 3.5 个，白花，豆荚茸毛白色，成熟后籽粒绿色有光泽，种脐白色，干豆百粒重 30 克左右，百荚鲜重 285 克。一般每 667 平方米产鲜荚 700 千克，春季播种至采收鲜荚需 90 天左右。

(2)日本 8901　从日本引进的一个鲜食大豆新品种，其产量高，每 667 平方米产鲜荚 700 千克左右，荚大籽粒饱满，3 粒荚比例较高，占 25%左右。一般株高 30 厘米，株型紧凑，耐肥抗倒伏性好，单株结荚 20 个左右。结荚部位集中，百荚鲜重 260 克。成熟期较长且不易黄老，深受市场青睐。春季播种至采收鲜荚 80～85 天。

(3)日本 292　具有稳产高产，荚大籽粒饱满，内在品质佳，豆粒蒸煮酥香、无豆腥味等特点。一般株高 45 厘米，茎秆粗壮，单株结荚 16～18 个，荚形宽大，籽粒饱满，百荚鲜重达 245 克，每 667 平方米产鲜荚 500～600 千克。播种至采收鲜荚需 85 天左右。

(4)徐春2号 原代号徐春128,是从日本"札幌绿"中通过系统选育而成的一个春播鲜食大豆新品种。一般每667平方米产鲜荚600千克左右,高产田可达800千克以上。该品种幼茎淡绿色,叶片卵圆形,绿色。株高28厘米左右,植株直立,平均每株有效分枝2.7个,有限结荚习性。蝶状花,白色。鲜荚弯镰形,绿色,籽粒扁椭圆形,绿色。鲜荚百粒重65克,出籽率55.5%。种皮绿色,子叶黄色,脐色深褐。该品种优质高产,全生育期94天,熟期适中,籽粒较大,出仁率高,口感甜,糯性好,商品性好。抗花叶病毒病,抗倒伏性强。

(5)交选2号 上海交大选育的春大豆优良品种,该品种经试种、示范表现性状稳定,整齐度好,结荚分布均匀,白毛宽荚,籽粒丰满,3粒荚比例高,与台湾75比较,同期播种,上市提早10天,经济效益好,深受农户喜爱。该品种属早熟春大豆品种,春播生育期为75～80天。有限结荚习性,植株高度50～60厘米,根系发达,茎秆粗壮,抗倒伏。叶卵圆形,红茎,花淡紫红色,茸毛白色,单株结荚约25个。种皮淡黄色,种脐浅褐色,微光泽,百粒重35克。鲜荚青绿色,色泽好,食味清甜,适口性好。宜作鲜销、加工。

35. 多花菜豆有哪些品种类型?

多花菜豆根据生长习性可分为无限生长和有限生长两个类型,我国目前栽培的主要是无限生长类型。各类型中都有红花和白花。白花菜豆品质优良,在我国和日本栽培普遍,优良的品种有云南宾川的地方品种大白芸豆,属蔓生品种,子叶不出土,早熟,籽粒大,单株嫩荚产量高。红花品种有从美国引进的佰特勒,生育期约180天,单株产量高,单株结荚数14～15个,每荚内具2～3粒种子,种皮为紫色黑纹,多用于加工。红花菜豆和白花菜豆都是菜豆属的一种蔬菜,统称为多花菜豆,其实两者之间是有区别的,形态特征区别如下:一是茎色。幼苗的茎色是两个品种幼苗期的主要区别，红花菜豆的茎为淡紫红色，白花菜豆的茎为淡绿白色；二是花色。花色是识别品种的最明显特征，红花菜豆的花为猩红色，白花菜豆的花为纯白色；三是种色。红花菜豆的种子较大而泡松，种皮较厚，间有黑色斑纹，白花菜豆的种皮为白色，种子较扁而坚实，风味佳。

四、栽培模式与豆类蔬菜商品性

36. 豆类蔬菜的栽培模式有哪些?

(1)春提前栽培 利用温室、大棚、中棚等保护地设施,通过多层覆盖保温措施,采取育苗移栽等手段,提早播种定植,提早上市。主要用于芸豆、豇豆、毛豆及豌豆苗的冬季早春覆盖栽培。

(2)春夏露地栽培 根据各种豆类蔬菜的适宜播种季节,结合茬口及市场需求,适期播种,适时采收。

(3)秋延后栽培 利用大棚、中棚等保护地设施,适当推迟秋播时间,后期覆盖保温,延后上市,延长供应期,目前主要用于芸豆、豇豆秋延后栽培。

(4)日光温室栽培 黄河流域及其以北地区利用节能日光温室进行秋冬茬、越冬茬、冬春茬、早春茬的豆类蔬菜生产,与大中棚及露地栽培错开上市,均衡市场供应,获得较高种植效益。

37. 目前豆类蔬菜保护地设施栽培茬口安排中存在的主要问题有哪些?

不利的气候条件及灾害性天气等是造成设施蔬菜生产困难、减产以至绝收的因素,应从防御灾害的设施、栽培技术等方面加强抗灾能力。因此,豆类蔬菜保护地茬口安排要考虑的问题如下。

(1)低温危害 低温使蔬菜生长减弱,落花、落果和产生畸形果等。防御低温危害的措施有:一是利用各种设施和覆盖材料进行保温;二是选用耐低温的优良品种;三是采用嫁接技术增强耐低温性;四是对喜温蔬菜进行低温锻炼;五是进行加温处理;六是应用生长素防低温落花落果。

(2)高温危害 高温影响花芽分化，导致发育不良，使叶、果产生日灼现象及果实色泽变化等。防御高温危害的措施有：一是选用抗热或耐热品种；二是间作套种；三是采用遮光栽培；四是进行降温处理。

(3)有害气体的危害 设施中危害蔬菜的气体有二氧化硫、乙烯、增塑剂及氨。防御有害气体危害的措施有：一是通风；二是少施化肥，多施腐熟有机肥。

38. 豆类蔬菜保护地设施栽培茬口安排应遵循的一般原则有哪些?

保护地栽培茬口应该遵循的原则有：一是市场需要；二是各个品种对气候环境的适应条件；三是有利于用地养地、防病虫和机械化生产；四是因地制宜，切合实际；五是根据当地设施选择生产类型。

39. 芸豆栽培模式主要有哪些?

(1)日光温室越冬茬 9月上旬至10月上旬播种，11月下旬开始收获。

(2)日光温室冬春茬 11月下旬至12月上旬播种，翌年3月下旬开始收获。

(3)大棚早春茬 2月上旬至3月上旬育苗，3月下旬定植，4月下旬开始收获。

(4)春露地栽培 4月下旬播种，6月上旬开始收获。

(5)夏秋露地栽培 7月下旬播种，9月上旬开始收获。

40. 毛豆栽培模式主要有哪些?

(1)大棚早春茬 1月下旬至2月上旬播种，4月下旬至5月上旬开始收获。

(2)春露地栽培 4月下旬播种，6月上旬开始收获。

(3)夏秋露地栽培 7月下旬播种，9月上旬开始收获。

41. 四棱豆适合在什么季节栽培？如何安排茬口？

根据四棱豆发芽生长所需的温度，只要当地10厘米地温稳定在25℃左右就可播种，气温稳定在20℃以上即可移栽。在我国南方3～6月份均可播种，北方6月份左右播种，大棚温室一年四季均可播种栽培。

四棱豆茬口安排如下。

(1)四棱豆不宜连作 因为连年种植易导致四棱豆病虫害加重，产量品质也会受到影响。四棱豆连年种植会使适合种植四棱豆的田间杂草增多，为病虫害提供了适宜的环境，导致四棱豆品质和产量下降。连年种植四棱豆的土壤养分消耗量大，不能充分供应，其根系分泌物导致有害物质重复积累，植株抗病虫能力严重减弱，导致植株生长变劣。

(2)四棱豆是轮作禾本科的好茬口 四棱豆收获后残留大量的根系与根瘤，每667平方米残留根瘤有40～47千克，对改善土壤理化及生物学性状具有高效作用。据测定，在大田栽培条件下，根瘤营养生长期的固氮活性最高，成熟的壮固氮酶活性最高。一般能增产5%～15%，高的达40%以上。在我国适合与四棱豆轮作的作物有高粱、水稻(早稻)、玉米、谷子、芝麻、甘蔗、果树、生姜、大蒜、辣椒、马铃薯、甘薯、花生、西瓜、黄瓜、苋菜、棉花、荠菜等。

(3)单种四棱豆 四棱豆可以单种，也可以与玉米、甘薯、芋头、甘蔗或其他蔬菜间作。为提高嫩荚和种子产量，以平播或分畦平播为好，在降水量不充足的地方，要在播前挖好浇水沟。种子穴播，深3～5厘米，土壤水分充足时为2～3厘米。因为茎蔓长，可用二足式篱笆作支架，以提高嫩荚和种子的产量。行株距的大小因地区、栽培品种和主要收获物的目的而不同。收获种子为主要目的时，行株距可用60厘米×60厘米，每穴播3粒种子；主要收嫩荚时，行距可用60～120厘米，株距45～60厘米，高20～25厘米。有的地方四棱豆实行丛播，穴距1～2米，行距2米；有的行株距为4米×4米，每穴2～3粒种子，若行株距为4米×4米，每667平方米需要种子200～300克。

(4)四棱豆的轮作方式与模式 一是丝瓜—四棱豆—生姜(菊芋)；二是甘薯—四棱豆—玉米；三是谷子—四棱豆—玉米—马铃薯；四是四棱豆—芝麻—胡萝卜—谷子；五是四棱豆—水稻—花生—玉米；六是四棱豆—谷子—大豆—水稻；七是四棱豆—甘蔗—马铃薯—水稻；八是甘薯—花生—玉米—四棱豆—棉花；九是四棱豆—玉米—花生—谷子；十是四棱豆—辣椒—谷子；十一是四棱豆—谷子—小麦；十二是四棱豆—芝麻—水稻。以上轮作方式可根据当地具体情况，因地制宜进行调整，根据四棱豆的品种不同，合理安排。矮生直立无架四棱豆品种可与玉米、小麦、果树、花生、棉花、芝麻等作物轮间作。在蔓生攀缘四棱豆植株下面可以种植蘑菇、木耳等食用菌，以提高复种指数和种植经济效益。

42. 蚕豆适合在什么季节栽培？

蚕豆的栽培，可分为春播和秋播两类地区。我国南方多进行秋播，翌年4月份至5月上旬采收。秋播时间为10月上旬至11月上旬，在此段时间内播种早的，春前有效分枝多，分枝健壮，春后荚多、粒多、粒重、高产。过早播种，植株生长过嫩易受寒害；延迟播种，由于前期生育期短，影响产量的提高。长江流域秋播一般在10月份播种，华南地区在10月下旬至11月上旬播种。一般可采取蚕豆、小麦、油菜轮作的种植方法。华北地区与越冬甘蓝轮作，8月底至9月初进行越冬甘蓝育苗，翌年4月份收获。

北方及寒冷地方多为春播，春播的应特别注意避免盛花期受严霜危害，当气温稳定在3℃以上时播种，约在3月底至4月上旬适期早播，主茎和分枝同步生长，幼苗不会过旺，植株高度降低，有利于提高产量。

43. 扁豆适合在什么季节栽培？

扁豆在气温达12℃时即可播种，长江流域露地栽培一般在4月份播种，8～10月份收获。早的可在7月份开始采收，迟的可收至11月份。华北地区在4月下旬至5月中旬播种。华南地区在3月份播种。华北地区秋冬茬棚室一般于10月上中旬播种育苗，10月下旬末至11月上旬初移栽定植。华北地区冬春茬棚室一般在12月中下旬至翌年1月上中旬播种育苗，1月中旬至2月上中旬定植。

44. 芸豆适合在什么季节栽培？如何安排茬口？

芸豆为喜温蔬菜，不耐霜冻。芸豆的大多品种属中光性，对光照要求不严格。因此，芸豆栽培季节以避过霜期和不在最炎热时期开花结荚为原则。一般可分春秋两季栽培。

(1)春提早栽培　利用温室、大棚、中小棚良好的采光和保温效果，促进菜豆早上市。早春茬多采用育苗移植。华北地区一般在2月上旬至3月中旬育苗，3月中旬至4月中旬定植。长江流域在2月中旬至3月下旬用营养钵育苗，3月上中旬覆盖定植。矮生菜豆定植后40天左右始收，蔓生菜豆定植后50天左右始收。

(2)露地栽培　春季露地栽培，都在终霜期前后，气温稳定在10℃以上时进行。华北地区4月下旬直播，长江流域地区一般在3月下旬至4月上旬播种。秋季播种应避开高温多雨季节。蔓生芸豆7月中下旬播种，矮生芸豆于8月上中旬播种。

(3)秋延后栽培　生长后期利用温室、大棚等覆盖保温措施，提高芸豆生长期温度，延长采收期，提高产量。华北地区一般在7

月下旬至8月下旬育苗，长江流域于8月中下旬在大棚直播，10月中下旬采收。

芸豆可以与多种蔬菜进行间套作，但应注意的是矮生芸豆应与相对高的种类搭配，而蔓生芸豆应与相对矮的种类搭配。如大棚青椒和芸豆的春早熟间作栽培，日光温室秋冬茬茄子套种芸豆，日光温室早春茬芸豆和菜花一高一矮立体种植等。

45. 豇豆适合在什么季节栽培？如何安排茬口？

(1)露地栽培 豇豆生产季节长，选用适当品种，从春季至秋季都可播种，但一般以春播夏收为主，也有夏播秋收的。北方寒冷地区则夏播秋收，华南也可秋播。

①春豇豆栽培 它是豇豆的主要栽培季节(可称正季栽培)。长城以北地区1年1茬，华北地区春秋两季栽培，长江以南地区可进行多茬栽培，但仍以春秋两季栽培为主。华北和长江流域，播种早的春季在保护地播种育苗，播种晚的在终霜期后直播，夏季陆续收获。华南春、夏播种，供应期6个月以上。

②秋豇豆栽培 属反季节栽培，可延长供应时间，除大中城市外栽培都较少。华北和长江流域多在6月份播种，8～9月份收获。

(2)保护地栽培 豇豆保护地栽培方式有春季小拱棚早熟栽培、塑料大棚春早熟栽培、塑料大棚秋延后栽培、日光温室早春茬栽培、日光温室冬春茬栽培和日光温室秋冬茬栽培等。利用各种保护设施，播种、收获比当地露地种植提前20～40天。保护地栽培，一般利用大棚在2月份播种，3月份定植，4月中下旬开始收获。如利用温室或小拱棚，播种期相应提早或推后。

豇豆忌连作，宜与非豆科作物实行3年轮作。其前作在北方多为秋冬菜后的冬闲地，南方为春菠菜、春莴笋、春甘蓝或其他越冬春菜地。后作以叶菜为主的秋冬菜地。豇豆在栽培中多实行间套作，南方除架下间套外，有的架上还套瓜菜，北方保护地多和番茄、黄瓜、辣椒、西瓜套作，特别是在黄瓜、西瓜后期套作，待黄瓜、西瓜拉秧后上架栽培。各地成功的套种栽培模式主要有大棚西瓜后期套作豇豆；春季大棚蔓生豇豆套种甘蓝；大棚茄子定植时套种豇豆；大棚番茄、矮生豇豆和蒜苗套种；日光温室豇豆、生菜、蒜苗的套作栽培；露地春黄瓜收获后期套种夏豇豆；西芹与豇豆套种栽培等。

46. 荷兰豆适合在什么季节栽培？如何安排茬口？

荷兰豆是喜欢冷凉的长日照作物，我国南北各地都在春夏之际采收供应，但为了延长供应时间，根据各地气候不同，栽培季节也有所不同。一般分为冬栽培、春夏栽培和秋冬栽培。

(1)露地栽培 东北和西北地区一般在4～5月份播种，夏秋收获。华北地区冬季寒冷，而夏季又比较炎热，多在早春播种，夏季收获。南方各地除炎热的夏季外，其余季节均可栽培。长江流域可有3个茬口安排：一是10月中旬至11月上旬露地播种越冬，翌年5月上中旬采收上市；二是早春2～3月份播种，5月中下旬至6月上中旬收获；三是在8月中下旬播种，10月下旬至11月份收获。华南地区从9月中旬至11月底分期播种，11月份至翌年3月份陆续收获。

(2)阳畦或小拱棚栽培 春季可在2月中旬播种，6月上旬至6月中下旬收获；秋季8月中下旬播种，11月上中旬至11月下中旬收获。

(3)大棚栽培 春季一般在2月下旬播种，5月上中旬至6月中旬收获；秋季8月上旬播种，10月上中旬至11月上旬收获。

(4)日光温室栽培 一般日光温室分早春茬和秋冬茬栽培，播种期比大棚略提前或延后。如果是保温性较好的节能型日光温室，多选择冬春茬栽培。依据上市效益及前茬的种植计划来确定。

荷兰豆适应性较强，可以和绿菜花、生菜、茄果类、瓜类、大葱、大蒜等蔬菜，玉米、高粱，棉花等大田作物进行间套作。比如上茬甜豆、荷兰豆与下茬绿菜花、生菜套种模式。上茬的甜豆、荷兰豆采用美珍、爽密、台中 11 号等品种，于 3 月下旬播种，栽培方式以小高畦，地膜覆盖，双行种植，株距为 20 厘米，行距为 140 厘米，每 667 平方米播种量为 3 000～4 000 克，密度为 1 万～1.2 万株，始收期为 5 月底至 6 月初，7 月 10 日左右拉秧，每 667 平方米产量达 800～1 500 千克。下茬以绿菜花、生菜为主，一般 6 月中旬播种养苗，每 667 平方米播量为 20～25 克，甜豆、荷兰豆拉秧后整地做成 150 厘米平畦或 100 厘米的小高畦，株距为 45～50 厘米，行距为 50 厘米，每 667 平方米密度为 2 500～3 000 株，采收期为 9 月初至 10 月初，每 667 平方米产量为 500～750 千克。

五、栽培环境管理与豆类蔬菜商品性

47. 四棱豆对环境条件有何要求?

四棱豆喜温暖多湿的气候条件,要求较高的温度,不耐霜冻。种子发芽的最低温度为 12.7℃,适温为 20℃～25℃,35℃以上时发芽不良。开花结荚的临界低温为 17.2℃,适温为 25℃左右。花蕾发育期高温能造成发育不良,造成落花落荚。较大的昼夜温差可提高结荚率。结荚期需较低的温度,耐冷凉。

四棱豆属短日照作物。在生长初期的 20～28 天中对日照敏感,此期用短日照处理能提早开花。一般晚熟品种,在长日照条件下营养生长旺盛而不能开花结荚。开花结荚期需要充足的光照,若光照不足,落荚率提高。根系发达,有一定抗旱能力,但不耐长期干旱,尤其是在开花结荚期对干旱敏感,要求有适度湿润的环境。

对土壤要求不严格,沙性土、黏土均可,较耐瘠薄,但以肥沃的沙壤土、偏酸性壤土为佳。生长前期需氮、磷肥较多,开花结荚期需钾、氮肥较多。由于四棱豆有较强的固氮能力,因此施肥中应以有机肥和磷、钾肥为主,在生长期需施用适量的氮肥。

48. 扁豆对环境条件有何要求?

扁豆喜温怕寒,遇霜枯死。种子发芽的适温为 20℃～25℃,植株能耐 35℃左右的高温。生长温度为 12℃～30℃,播种出苗的适温为 14℃～25℃,幼苗期至抽蔓期的适宜生长温度为白天 20℃～28℃、夜间 16℃～20℃,低于 16℃时生长受到抑制。开花结荚期的适宜温度为18℃～25℃，高于28℃时，生殖生长受到抑制，容易引起落花落荚。根系十分发达强大、耐旱性比较强，对土壤适应性广，在排水良好而肥沃的沙质土壤或壤土种植能显著增产。

扁豆喜光但耐弱光，光饱和点为2.5万～4万勒克斯，补偿点为0.15万～0.2万勒克斯。应合理密植和搭架上蔓，改善中、后期的透光问题。

49. 毛豆对环境条件有何要求?

毛豆对环境条件的要求包括以下四方面。

(1)温度　毛豆属于喜温作物，在温暖气候条件下生长较好。毛豆种子在温度达到6℃～7℃时即可发芽，但十分缓慢，种子发芽的适温为15℃～25℃，温度为33℃～36℃时发芽最快，但幼苗细弱。在进入花芽期后就需要较高的温度，花芽分化的适温为20℃左右，开花适温为25℃～28℃，温度在23℃以下或29℃以上时开花很少。毛豆全生育期需有效积温为1 700℃～2 900℃。

(2)水分　毛豆生长期间需水较多，每形成1克干物质需水600～1 000克。土壤水分的多少对毛豆植株的生长和产量影响很大，当土壤水分达到田间持水量的75%时，最适于毛豆生长，如果土壤水分降至田间持水量的50%，毛豆的生育将受到不良影响，如果降至25%，不仅产量减少可达50%以上，而且籽粒品质也大大降低。

(3)光照　毛豆对光照条件的优劣比较敏感，良好的光照是毛豆健壮生长的必要条件。由于毛豆的花荚在植株上下各部都有分布，因此不论上下部每个叶片都要求得到充足的光照，才能正常地进行光合作用，制造有机物质，以充分保证该部位花荚的发育。

(4)土壤　毛豆生长对土壤条件有一定的要求，需要排水良好、沃土层深厚并富含有机质的中性或微酸性土壤，土壤酸碱度

(pH 值)在 6～7.5，毛豆都能生长良好，但以 6.5～7 为最适宜。

50. 刀豆对环境条件有何要求?

刀豆喜温耐热，生长适温为 20℃～25℃，适宜排水良好、肥沃疏松的土壤，以沙壤土或黏壤土为宜。黏壤土栽培的荚柔嫩，品质好。

51. 荷兰豆对环境条件有何要求?

荷兰豆对环境条件的要求包括以下几方面。

(1)温度 荷兰豆为半耐寒性蔬菜，喜温和凉爽湿润的气候，不耐炎热干燥，耐寒能力较强，圆粒种比皱粒种更耐寒。种子发芽出土最低温度为 1℃～5℃，最适温度为 16℃～18℃，高于 25℃发芽率降低。幼苗期适应低温能力很强，能耐－6℃的低温，茎叶生长适温为 12℃～16℃。开花结荚期适温为 15℃～18℃，嫩荚成熟期适温为 18℃～20℃，适温下嫩荚质量鲜嫩、甜美。温度超过 26℃时品质降低，产量减少。

(2)光照 荷兰豆属长日照作物，但大多数品种对日照长短要求不十分严格，无论在长日照还是短日照下都能开花，但在长日照、低温条件下，能促进花芽分化，缩短生育期。南方品种北引种植，都能提早开花。如果生长期间多阴天或田间通风透光不好，植株生长不良，嫩荚或豆粒的产量下降。

(3)水分 荷兰豆要求中等湿度，适宜的土壤湿度为田间最大持水量的 70%左右，适宜的空气相对湿度为 60%左右。当土壤水分不足时，会延迟出苗期，开花期如果空气干燥，会引起落花落荚。在豆荚生长期若遇高温干旱，会使豆荚纤维提早硬化，过早成熟而降低品质和产量。荷兰豆不耐涝，如果土壤水分过多，则播种后易烂种，苗期易烂根，生长期间易发病。

(4)土壤和营养 荷兰豆对土壤适应性较广，但以疏松透气、有机质含量较高的中性土壤为宜。荷兰豆根瘤菌能固定土壤中及空气中的氮素，但在苗期仍需要补施一定的氮肥，在栽培中要注意施用磷肥和钾肥，以及采用根瘤菌接种，土壤保持湿润，不宜过干或过湿。

52. 甜豆对环境条件有何要求？

甜豆为半耐寒性蔬菜，喜凉爽湿润气候，不耐炎热干燥。种子发芽出土的最低温度为4℃～6℃，最适温度为16℃～18℃，高于25 ℃时出芽率降低。幼苗期适应低温能力强。开花期的适温为15℃～18℃，嫩荚成熟期的适温为18℃～20℃，温度超过26℃时品质下降，产量降低。要求较长的日照和较强的光照。对土壤适应性较广，但以疏松和含有机质较高的土壤为好。

53. 芸豆对环境条件有何要求？

芸豆对环境条件的要求包括以下几个方面。

(1)温度 喜温怕寒，种子发芽的最低温度为8℃～10℃，发芽适温为20℃～25℃。幼苗生育适温为18℃～20℃，在10℃以下时生长受阻。开花结荚适温为18℃～25℃，若低于15℃或高于30℃，易产生不稔花粉，引起落花落荚现象。

(2)光照 喜光，光饱和点为35 000勒克斯，光补偿点为1 500勒克斯。弱光下生育不良，开花结荚数减少。芸豆多数品种属中光性，春、秋季皆可种植。

(3)水分 芸豆耐旱力较强，在生长期间，土壤适宜湿度为田间最大持水量的60%～70%，空气相对湿度保持在50%～75%。开花结荚期湿度过大或过小都会引起落花落荚现象。

(4)土壤和营养 芸豆适宜在土层深厚、有机质丰富、疏松透气的壤土或沙壤土上栽培，如土壤湿度大，通气性差，不利于根瘤菌繁殖和寄生。适宜pH值为6.2～7，若土壤呈酸性会使根瘤菌活动受到抑制。芸豆生育过程中吸收钾和氮较多，其次为磷和钙。微量元素硼和钼对芸豆生育和根瘤菌活动有良好的作用。芸豆对氯离子反应敏感，所以生产上不宜施含氯肥料。

54. 豇豆对环境条件有何要求?

豇豆对环境条件的要求包括以下几方面。

(1)温度 喜温暖，耐高温，不耐霜冻。种子发芽适温为25℃～35℃，植株生育适温为20℃～25℃，开花结荚适温为25℃～28℃，35℃以上高温仍能正常结荚，在15℃左右生长缓慢，5℃以下受寒害。

(2)光照 豇豆多数品种属于中光性植物，对日照要求不甚严格。短日照下能降低第一花序节位，开花结荚增多。开花结荚期间要求日照充足，光照弱时会引起落花落荚。

(3)水分 耐旱性较强，不耐涝。播种后土壤过湿易烂籽。开花结荚期要求适当的空气相对湿度和土壤湿度，过湿过干都易引起落花落荚，对产量及品质影响很大。

(4)土壤和营养 对土壤的适应性广，以富含有机质、疏松透气的壤土为宜。需肥量较其他豆类作物要多，形成1 000千克产品需氮12.16千克，磷2.53千克和钾8.75千克，其中所需氮仅4.05千克来自土壤。苗期需要一定量的氮肥，但应配合施用磷、钾肥，防止茎叶徒长，延迟开花。伸蔓期和初花期一般不施氮肥。开花结荚期要求水肥充足，此期增施磷、钾肥有助于促进植株生长和提高豆荚的产量和品质。

55. 莱豆对环境条件有何要求?

莱豆对温度要求严格。生长适温为16℃～35℃。16℃以下，35℃以上则不宜生长。18℃以下不发芽，发芽适温为20℃～30℃。大莱豆要求温暖的气候，不耐寒，生长期长，须在4个月以上的无霜季节和夜间温度较高的地区栽培。在冬季温暖地区可多年生长。小莱豆的生育期稍短,可在我国中、北部栽培。莱豆为短日照植物,在长日照条件下开花结荚推迟。耐旱不耐湿,生长期需要湿度适中。对土壤的适应性较强,有较高的抗盐性。但以腐殖质丰富、通透良好的沙壤土为宜。适宜的 pH 值为 6~6.5。生长期需要较多的氮肥。

56. 多花菜豆对环境条件有何要求?

多花菜豆喜比较凉爽湿润的气候,无霜期要求 120~130 天。发芽期的适温为 8℃~32℃,最适温为 17℃,幼苗期的适温为 12℃~17℃,开花结荚期需充足的阳光和适宜的温度,以 15℃~20℃为适宜,此时如遇高温干旱或低温霜降都将影响授粉与结荚,花蕾会因不良气候条件的影响而枯萎。种子发芽时吸水力强,吸水量约为种子重量的 1.5 倍。要求全生育期内雨量均匀充沛,对干旱敏感。土壤水分不足时,根系生长不良,但过湿或水涝时易受病害,干燥条件下易落花。湿润的土壤条件有利于植株生长,但雨季也要注意防涝。对土壤要求不严,肥力中等、土层较深、排水良好的地块即可,以有机质丰富的沙壤土为最适宜。适宜的土壤 pH 值为 4.8~8.2,最适 pH 值为 6~7,在 pH 值低于 6 的土壤上硝化作用受到抑制,同时对磷的有效利用率降低,需施用石灰改良。多花菜豆对微量元素硼极为敏感,缺乏硼素,根瘤形成小,植株发育不良。

57. 地膜覆盖栽培应注意哪些问题?

(1)施足基肥 由于地膜覆盖后不便再施肥料,所以覆盖地膜之前一定要施足基肥。首次追肥采用打孔方式。

(2)精细整地做畦 覆盖地膜前一定要将地整平整细,捡去土中的杂物,以免扎破地膜。

(3)预留浇水口 在覆盖地膜的接口处,要留适当的空隙,或只铺畦沟,以利于水分下渗。在有滴灌和小滴灌的条件下,可适当加高和加宽畦面。若采用沟灌,则畦面不宜过高和过宽,要有适当的浇水小沟。

(4)栽培方式 一般地膜覆盖栽培可提前播种或提前定植2～3周,或延后2～3周。但不同覆盖方式的栽培时间也不相同,改良式较一般式的稍早一些。

(5)加强定植后的田间管理 出苗后或定植后,应及时破膜,并在根部用土压实,以防热气沿出口处散出时烤苗。后期防止脱肥脱水,并注意防止后期草荒。收获后注意及时清除旧膜,防止白色污染。

58. 在豆类蔬菜生产中如何调控温度?

在露地生产时,只要将豆类蔬菜安排在适宜的季节生产,一般不需要对温度进行调控。对于露地越冬的豌豆等,可以采取覆盖塑料薄膜(或稻草、无纺布)、早春遇到倒春寒采取田间熏烟等措施,保证其安全越冬。保护地栽培豆类蔬菜,对温度的控制包括保温、加温和降温3个方面,通过有效的技术措施,达到能维持适于豆类蔬菜生育的设定温度,温度的空间分布均匀,时间变化平缓,以保证豆类蔬菜生产的正常进行,也才能获得预期的产量和效益。

(1)保温措施 采用性能良好的设施类型,提高设施内土壤的蓄热量。一是正确地调节设施方位和屋面坡度,尽量减少建材的阴影,使用透光率高的玻璃或薄膜,经常保持覆盖材料干净;二是减少土壤蒸发和蔬菜蒸腾量,增加保护地内白天土壤贮存的热量,保护地内土壤表面不宜过湿;三是设置防寒沟,减少设施内土壤热量横向流出,在保护地周围挖一条宽30厘米、深50厘米的沟,沟中填入作物秸秆等保温材料。夜间增加覆盖物,减缓棚室内热量通过棚面向外辐射的速度。采用多层覆盖、增加不透明覆盖物的方式，来提高设施的保温能力。经常检查设施，及时修补破损的棚面，封堵门窗、墙壁等的缝隙，防止热量通过空气对流向外散失。

(2)加温措施 在北方地区的寒冷季节，可通过完全加温或临时加温的方式，提高温室内的温度。设施内的加温方法有酿热、火热、电热、水暖、暖风加温等。根据豆类蔬菜的种植时期、设施的规模类型及当地的实际条件，选用适宜的加温方式。在加温设计上必须满足如下要求：一是加温设备的容量，应能经常保持室内的设定温度(地温、气温)；二是设备价格低廉，安装简单，没有危险，燃料易得、便宜，加温费要尽量少；三是为使保护地内温度空间分布均匀、时间变化平稳，要求加热设备配置合理，调节能力高；四是遮阴少，占地少，便于操作。

(3)降温措施 设施内降温措施从下述3个方面考虑：一是通过延长通风时间直至昼夜通风，加大通风换气量，打开门窗、撤去薄膜等方式可以有效地降低设施内的温度；二是减少进入温室中的太阳辐射能；三是增大温室的潜热消耗。

①*遮光降温法* 遮光20%～30%时，室温相应可降低4℃～6℃。在与温室大棚屋顶部相距40厘米左右处张挂黑色、墨绿色或银灰色遮阳网进行遮光，对温室降温有很好的效果。室内用的白色无纺布保温幕透光率为70%左右，也可兼作遮光幕用。另外，也可在屋顶表面或立面玻璃上喷涂白色遮光物，但遮光、降温效果略差。在室内挂遮光幕，降温效果比挂在室外差。

②*屋面流水降温法* 流水层可吸收投射到屋面的太阳辐射，并能用水冷却屋面，室温可降低3℃～4℃。采用此方法时需考虑安装费和清除玻璃表面的水垢污染问题。水质硬的地区需对水质做软化处理再用。

③*强制通风法* 强制通风的设施是由电机带动的排风扇，安装在温室的侧窗。强制通风是利用风机将电能或机械能转化为风能，强迫空气流动进行通风以降低室内温度，一般能达到室内外温

度差5℃的效果。

④喷雾降温法　一是室内喷雾法。在室内高处喷直径小于0.05毫米的浮游性细雾，用强制通风气流使细雾蒸发达到全室降温，喷雾适当时室内均匀降温；二是屋顶喷雾法。在整个屋顶外面不断喷雾湿润，使屋面下冷却了的空气向下对流。

⑤湿帘-风机降温　湿帘-风机降温系统由湿帘、循环水、风机等部分组成，可安装在温室的侧墙，湿帘必须保证有较大的湿表面与流动空气接触，要有吸附水的能力，通气性、多孔性和抗腐烂性。

59. 在豆类蔬菜生产中光环境如何进行调控？

在露地生产时，只能通过调节种植密度、调整植株、合理搭配间作作物种类等措施来改善田间的光照条件，而保护地内光照条件的调节主要有两个方面：一是改进保护地的结构与管理技术，增强保护地内的自然光照；二是人工补光与遮光。冬季阴天多和光照时数少的季节和地区，保护地光照不足，需要补光。在夏季光照强的季节，需用遮阴的方法进行调节。

(1)改进设施结构，提高透光率

①选择温室和大棚适宜的建筑场地及合理的建筑方位　根据设施生产的季节、当地的自然环境，如地理纬度、海拔高度、主要风向、周边环境(有否建筑物、有否水面、地面平整与否)等，合理选择建造场地和建造方位，提高棚室的采光性能。

②设计合理的温室屋面坡度　单屋面温室主要设计好后屋面仰角、前屋面与地面交角、后坡长度，既保证透光率高也兼顾保温性好。连接屋面温室屋面角要保证尽量多进光，还要防风、防雨(雪)，要使排雨(雪)顺畅。

③选择合理的透明屋面形状　生产实践证明，拱圆形屋面采光效果较好。

④选择适宜的骨架材料　在保证温室结构强度前提下尽量用

较细的材料，以减少骨架遮阴。梁柱等材料也应尽可能少用，如果是钢材骨架，可取消立柱，对改善光环境很有利。

⑤选用透光率高且透光保持率高的透明覆盖材料　我国农村选用的透明覆盖材料多以塑料薄膜为主，应选用防雾滴且持续期长、耐候性强、耐老化性强等优质的多功能薄膜、漫反射节能膜、防尘膜和光转换膜。大型连栋温室，有条件的可选用 PC 板材。

(2)改进管理措施

①保持透明屋面干洁　经常清扫塑料薄膜屋面以增加透光，内表面应通过通风等措施减少结露(水珠凝结)，防止光的折射，提高透光率。

②适时揭盖覆盖物　在保温的前提下，尽可能早揭晚盖外保温和内保温覆盖物，增加光照时间。在阴天或雪天，在防寒保温的前提下，也应揭开不透明的覆盖物，时间越长越好，以增加散射光的透光率。双层膜温室，可将内层改为白天能拉开的活动膜，以利于增加光照。

③合理密植　合理安排种植行向，减少植物间的遮阴；密度不可过大，否则植物在设施内会因高温、弱光而发生徒长。植物行向以南北行向为好，这样没有死阴影。若是东西行向，则行距要加大。单屋面温室的栽培床高度要南低北高、防止前后遮阴。

④加强植株管理　及时吊蔓或插架，进入盛产期时还应及时将下部老化的或过多的叶片摘除，防止上下叶片互相遮阴。

⑤选用耐弱光品种

⑥覆盖地膜　覆盖地膜有利于地面反光，以增加植株下层光照。

⑦利用反射光　在建材和墙上涂白。在后墙的内侧设置反光镜(板)增加反射光。放射镜一般使用铝板、铝箔或把银灰色反光膜贴在轻质薄板上，反光率高达 80%，而且还可以提高温度。反射光的距离大致能达到反射板高度的 2 倍。

(3)遮光 遮光主要是缩短光照时间、减弱设施内的光照强度和降低保护地内的温度。初夏中午前后，如光照过强、温度过高，超过植物光饱和点，对生育有影响时应进行遮光。在育苗过程中，移栽后为了促进缓苗，通常也需要进行遮光。遮光材料要求有一定的透光率、较高的反射率和较低的吸收率。

①缩短光照时间 在设施外部覆盖黑色塑料薄膜或外黑里红布帐，根据植物对光照时间的要求，在日落前几个小时放下黑色薄膜或布帐，使温室内保持预定时间的日照环境，以满足某些短日照植物对光照时间的生理要求。

②减弱光照强度 一般采用的措施包括设施外覆盖各种遮阴物，如遮阳网、无纺布、竹帘等；屋面外部喷水或玻璃面涂白，室内用塑料窗纱、无纺布等遮光；玻璃屋面上采用流水措施也能起到一定的遮光作用。

③人工补光 采用人工补光主要是为了满足某些植物对光照强度及光周期的要求。目前，作为人工补光的光源有白炽灯、卤钨灯、高压水银灯、高压钠灯、氙灯、沼气灯及金属卤化物灯等。因人工补光的成本较高，故目前在实际生产中很少采用，主要用于育种、引种、育苗。

60. 在豆类蔬菜生产中如何调控空气相对湿度?

露地为开放系统，对空气湿度调节难于进行。保护地是一种半封闭系统，冬春两季晴天白天温室内温度较高，容易干燥，在夜间不加温则温度低而且湿度较大，这种极端的干燥或潮湿环境可使蔬菜生理失调，易遭病虫害。因此，保护地内应当保持适宜的湿度环境。空气相对湿度的调控，主要包括降低空气相对湿度和增加空气相对湿度两个方面。降低空气相对湿度不仅是降低，同时还包括减少较高空气相对湿度持续的时间。

(1)除湿措施 应根据天气情况和植物的需要，采用各种措施进行除湿。

①通风换气　一般采用自然通风,通过调节风口的大小、时间和位置,可起到降低棚室内空气相对湿度的效果。这是目前在生产上普遍采用的一项降湿措施。但采用自然通风时,通风量不易掌握,而且室内降湿不均匀,因此在有条件时,可采用强制通风,由风机功率和通风时间计算出通风量,而且便于控制。

②加温除湿　湿度的控制既要考虑植物的同化作用,又要注意病害发生有消长的规律。通风虽然可以有效地降湿,但在冬春季节,通风也明显降低棚室内的温度。因此,在有条件的情况下,尽量采取相应措施来增加棚室内的温度,既可有效降低棚室内的空气相对湿度,又可满足作物生长的需要,同时还可有效控制病害的发生和发展。

③覆盖地膜　覆盖地膜可减少土壤水分蒸发,能显著降低棚室内空气相对湿度。据调查,覆盖地膜前,夜间空气相对湿度高达95%～100%,而覆盖地膜后,空气相对湿度可下降至75%～80%。

④采用合理的灌溉方法　在冬春低温季节,尽量不采用明水灌溉,而采用滴灌、膜下暗灌等措施,并适当控制浇水量,不但可以防止地温的明显降低,也可减少土壤水分的蒸发,从而取得降低空气相对湿度的效果。

⑤使用除湿机　有条件时,可利用氯化钾等吸湿材料,通过除湿机来降低设施内的空气相对湿度。

⑥安装除湿型热交换通风装置　采用除湿型热交换器,既可满足棚室内作物对通风换气和降湿的要求,又能防止棚室内的温度因通风而下降。

(2)加湿措施　露地生产时,在一些关键的生育时期,如果田间空气相对湿度过低,一般是通过浇小水的方式来提高田间的空气相对湿度。温室或大棚生产时,加湿的方式主要有以下两种。

①喷雾加湿　在温室内顶部安装喷雾系统，或使用喷雾器进行喷雾加湿。喷雾器的种类较多，如电动喷雾加湿器、空气洗涤器、离心式喷雾器、超声波喷雾等，可根据设施面积选择合适的喷雾器。喷雾加湿效果明显，并可与降温（中午高温）结合使用。

②湿帘加湿　主要是用来降温的，同时也可达到增加室内湿度的目的。

61. 在豆类蔬菜生产中如何调控气体环境？

(1)增施二氧化碳　在寒冷的冬春季节，由于外界温度低，温室大棚通风换气时间短，除夜间外，棚内二氧化碳常处于亏缺状态，影响光合作用的正常进行和同化产物的积累，人为进行二氧化碳施肥是一项高产、优质、抗病的技术措施，对提高豆类蔬菜光合效率、增加产量具有重要作用。二氧化碳施肥主要在结果盛期进行，一般在晴天上午 10 时植株光合作用最旺盛时期施用，施用最佳浓度为 1 000～1 500 微升/升，施用结束 30 分钟后再通风。开始施用二氧化碳后，要连续不间断地施用才能达到理想的增产效果，一般应连续施用 30 天以上。但遇到阴天时应停止施用，待晴天再继续施用。人工补充二氧化碳方法有下列几种。

①通风　使外界空气中的二氧化碳进入设施内，以提高其浓度。

②增施有机肥　人畜粪便、作物秸秆、杂草茎叶等进行发酵时产生二氧化碳气体，简单易行，成本低，但二氧化碳释放量不易调节控制，难以达到应有的浓度要求。

③纯气源法　生产酒精等化工产品时产生的副产品二氧化碳气体，以钢瓶压缩盛装，使用时打开阀门，用塑料软管把气体送入棚室内。一般纯度要求应在 99%以上。优点是气源较纯净、施用方便、效果快，易于控制用量及施用时间，但成本较高。

④燃烧法　通过二氧化碳发生器燃烧液化石油气、丙烷气、天

然气、白煤油等产生二氧化碳，再用鼓风机把二氧化碳吹入棚室内。采用燃烧法容易控制二氧化碳施用浓度及时间，但投资大、成本高，对燃烧要求严格(如要求燃烧含硫量低于0.05%)。

⑤化学反应法　常用盐酸与石灰石、硝酸与石灰石、碳酸氢铵与稀硫酸发生化学反应产生二氧化碳。目前，较多采用稀硫酸和碳酸氢铵反应，在简易的气肥发生装置内产生二氧化碳气体，通过管道将二氧化碳施放于密闭的设施内。一般2千克碳酸氢铵加1.2千克硫酸反应后生成1千克二氧化碳气体。温室每10米、大棚每7米间隔放一个罐头瓶或非金属器皿，悬挂在距地面1.2米处。早上揭苫后不通风，一次性施放。667平方米的棚室，可先将1.2千克硫酸倒入4.8升水里，边倒边搅拌，配成稀硫酸。然后按照3千克稀硫酸对1千克碳酸氢铵的比例混合，碳酸氢铵要先放入容器内。

⑥固体二氧化碳(干冰)　在常温条件下放在容器内的干冰吸收温室中的热量，升华变成二氧化碳气体。

(2)防止氨气危害　氨气主要是肥料分解过程中产生的，并逸出到棚室内产生危害。如果在土壤表层施用未腐熟的禽粪、马粪、猪圈粪、人粪尿、饼肥等，遇到棚内高温，这些肥料在短时间内就会发酵产生大量的氨气。此外，施用碳酸氢铵或撒施尿素，有时也会有大量的氨气释放出来，如不能及时排除，则会在室内积累。这种气体在棚内空气中浓度达到5微升/升时，就可危害蔬菜引起中毒。氨气危害叶片时，先是叶片出现水渍状斑点，然后叶缘组织变为褐色，后变为白色，严重时植株枯死。氨气一般发生在施肥后3～4天。

为防止氨气中毒，栽培上必须施用充分腐熟的有机肥。保护地冬、春季生产因通风少，所以应尽量不施用碳酸氢铵，只施用硝酸铵。不直接追施尿素等化肥，在使用前先用水溶化，随水冲施，可以有效地避免氨气的产生。尿素在直接施用时，要深施，不要撒施，施后要覆土，并要立即浇水。保护地内1次施肥不宜太多，尿素每次每667平方米不得超过30千克，也可减少氨气的危害。

(3)防止二氧化氮气体危害 温室大棚内二氧化氮气体的积累主要是由于连续、大量施用硝酸铵和未充分腐熟的鸡粪等氮素肥料造成的。土壤在由碱性变成酸性的情况下，硝化细菌活动受到抑制，难以进行硝化作用，使二氧化氮不能及时转化为硝态氮，使土壤中散发出二氧化氮气体，在室内累积达到2微升/升时，植株上就会出现危害症状。初期叶片气孔附近细胞组织受害，随二氧化氮气体不断向内扩展，继而危害海绵组织和栅栏组织，最后使叶片褪色。受害叶片呈水渍状，颜色逐渐变成淡褐色，叶缘呈灼烧状。一般发生在施肥10～15天以后。

为防止植株二氧化氮气体中毒，在保护地中施用氮素化肥不宜过量，发现有二氧化氮气体挥发和积累时，要及时通风排除。

(4)防止一氧化碳气体危害 在保护地生产和育苗时，由于温度低而采取加温或临时加温时，煤炭不完全燃烧和烟道有漏洞都容易产生一氧化碳气体。当一氧化碳浓度达到5微升/升时，植株就会受害。一氧化碳通过叶片气孔侵入危害，导致叶缘和叶脉间细胞逐渐死亡，叶片出现枯死病斑。在高温强光、土壤水分多的情况下危害严重。一氧化碳浓度达到300微升/升，2小时就会使蔬菜全部死亡。一氧化碳气体对生产人员也可造成严重危害。防止一氧化碳危害的措施是要经常检查烟道并注意通风换气。

(5)防止二氧化硫气体危害 二氧化硫是由于煤炭燃烧不完全而产生，并从烟道漏洞缝隙排出的毒气，当其浓度超过5微升/升时，蔬菜就会受害。受害叶片叶缘和叶脉间细胞坏死变白，致使叶片凋落。二氧化硫对棚内生产人员亦可造成危害。

在棚室内采用煤炭进行加温或临时加温，若煤炭中有含硫物质，就很容易产生二氧化硫。二氧化硫气体浓度达0.5～1微升/升时就会造成危害，达到10～20微升/升并且有足够的湿度时，则大部分蔬菜作物受害严重，甚至死亡。二氧化硫遇水(或空气相对湿度大)时产生亚硫酸，它能直接破坏蔬菜作物的叶绿体。二氧化硫通过气孔进入叶片后也会溶化浸润于细胞的水分中，使叶肉组织失去膨压而萎蔫，产生水渍状斑。在采用煤炭加温时，一定要注意经常查看烟道及植株表现，并加强通风换气。

(6)防止乙烯和氯气危害 保护地内乙烯气体达到1微升/升以上时，可使叶片下垂弯曲、黄化褪绿，甚至变白枯死。乙烯的来源主要是用它当作植物生长调节剂使用时浓度过大所致，有的是农用塑料制品在使用过程中经过阳光暴晒，或在高温条件下挥发所致。此外，若选用不合格的农用塑料制品，有时也会逸出氯气危害蔬菜，其毒性比二氧化硫大2～4倍，氯气也能分解叶绿素，使叶片变黄，危害症状与乙烯危害相似，对此也应引起重视。生产中除注意合理使用乙烯类植物生长调节剂外，应注意加强通风换气，还要注意选择安全无毒的农用薄膜及其他塑料制品。

62. 豆类蔬菜的施肥原则是什么?

(1)有机肥与无机肥结合 增施有机肥，虽然能提高土壤有机质含量，但肥效迟缓且肥效低，因此有机肥必须与无机肥配合施用，才能缓急相济、取长补短。有机肥在施用时要充分发酵腐熟，使其中的一些有害成分通过发酵分解，以减少病虫害的传播和避免对植物根系造成伤害。

(2)基肥为主，追肥为辅 一般基肥施用量应占总施肥量的50%～60%。在地下水位较高或土壤径流严重的地区，可适当减少基肥的施用量，以避免肥效损失；在保护地长季节栽培时，追肥的比例应大一些，以保证豆类蔬菜在整个生长期均能获得充足的养分。

(3)按需追肥，适时追肥 种植在不同肥力土壤上的豆类蔬菜，在不同的生育时期，对肥料的需求量也不同，应根据土壤的肥力情况、不同生育时期的需肥特点及植株长势情况，进行适时、适量追施适宜种类的肥料，不能随意提高追肥量。如土壤肥沃，追肥可少些；土壤贫瘠，追肥可多些；沙土地追肥要少量多次，黏土地追肥量要大。植株长势旺盛，追肥要少；植株长势弱，要多追肥。苗期追肥量要少，开花结荚期追肥要多。同时，还应注意掌握追肥的关键时期，在植物最需肥的时候，及时追施其需要的肥料，这样才能有效地提高产量。苗期应以速效肥为主，主要是促苗长壮，而在开花结荚期则应以有机、无机复合肥配合施用为主。

(4)肥水配合，以水调肥 水和肥是相依关系，只有追肥后及时浇水，做到水肥结合，才能起到较好的肥效。

63. 豆类蔬菜应怎样追肥？

豆类蔬菜在生长前期，根系上根瘤菌的固氮能力较弱，因此在苗期适量施用氮肥可以促进植株早发秧，生长健壮。但如果植株长势旺盛，则必须控制施用氮肥，以防止植株营养生长过旺而引起落花落荚和延迟结荚。一般豆类蔬菜的第一次追肥在第一花序现蕾时，可每 667 平方米追施腐熟的粪稀 500～700 千克或尿素 5～7 千克。在豆类蔬菜进入开花结荚期以后(荚长达 3～4 厘米)开始连续追肥，根据不同茬口及植株长势情况，一般每隔 10～20 天追肥 1 次。追肥以腐熟的粪稀和化肥交替进行为好，粪稀的用量为每 667 平方米追施 500～800 千克，化肥的用量因不同茬口和不同品种而不同，一般为每 667 平方米追施复合肥 5～20 千克。追肥以顺水追肥为好，即在浇水时将肥料溶于水中，随浇水同时进行追肥；也可先按穴或按沟施肥后，再立即浇水。两次追肥之间，应浇 1 次清水，以促进植株光合产物的积累，满足豆荚快速生长发育的需要。除了根部施肥外，还可用 0.2%磷酸二氢钾溶液进行叶面喷施。

64. 豆类蔬菜缺氮、磷、钾、锌、铁、钼、硼主要有什么表现?

(1)氮 它是细胞原生质中蛋白质、叶绿素、酶以及许多含氮物质的重要组成元素。氮肥供应充足时,茎叶生长旺盛,色泽浓绿,长势健壮,产品柔嫩,高产优质;氮素不足时,茎叶生长迟缓,叶小色淡,低产质劣。但是,氮肥供应过多,又会引起植株徒长,延迟开花结果,同样不利于生产。

(2)磷 它是组成核酸、核蛋白和磷脂的主要元素,而磷脂、核蛋白又是细胞质和细胞核的重要组成成分。蔬菜植物的分生组织和生殖器官都需要磷。磷肥供应充足时,有利于蔬菜幼苗的生长,有利于蔬菜制种的籽粒饱满。磷还能促进蔬菜根系对氮的吸收利用。磷素不足时,生长迟缓,植株矮小,结实状况差。植物种类不同,缺磷的症状也有差异。豌豆缺磷时植株矮而瘦,叶色暗绿,缺乏光泽,排列稀疏,基部叶边缘变黄,脱落较早,生长及开花都受到影响。蚕豆缺磷时茎瘦弱,叶片直立,呈暗绿色,植株基部叶易落,根系发育受影响。在缺磷的土壤里,单施氮肥的效果不好,必须与磷肥配合施用。

(3)钾 钾并不参与植物体内重要有机物质的组成,但与碳水化合物的合成、运输和积累关系密切。钾肥供应充足时,植株的木质素和纤维素含量高,茎秆健壮,抗性增强。钾还能促进光合作用,在阳光不足的条件下,效果更为明显。磷素不足时,老叶上先出现缺钾症状,老叶的边缘先发黄,脉间失绿,叶表皮组织失水皱缩,进而变褐、焦枯似灼烧状,再逐渐向新叶扩展。不同的植物上缺钾症状也有特殊性。蚕豆缺钾时,叶呈现蓝绿色,叶缘则呈现棕褐色而焦枯,并向下卷曲与茎形成钝角。出现缺钾症状时,应立即追施硫酸钾等速效钾肥。亦可进行叶面喷施1%~2%磷酸二氢钾溶液2~3次。

(4)锌 锌是多种酶的激活剂和组分，参与生长素的合成，参与光合作用中二氧化碳的水合作用，促进蛋白质和碳水化合物的代谢。植物缺锌时，新叶片失绿黄化，节间变短，叶片狭小、丛生呈现簇状。生育期推迟。缺锌时可以施用硫酸锌，每667平方米用量为1～1.5千克；当出现典型缺锌症状时，用0.1%～0.2%硫酸锌溶液喷洒叶面。

(5)铁 铁是叶绿素合成所必需的，参与体内的氧化还原反应，参与植物的呼吸作用。植物缺铁时，易发生黄化病，上部叶片首先失绿黄化，失绿发生在叶片的脉间，严重时黄化，甚至白化，并有坏斑出现。当出现典型缺铁症状时，用0.1%～0.5%硫酸亚铁溶液或柠檬酸铁100毫克/升溶液喷洒叶面。

(6)钼 钼是硝酸还原酶的组分，参与氮素代谢，作为固氮酶的组分，可促进豆科作物的固氮作用。植物缺钼时，叶片脉间失绿，且有大小不一的黄色或橙黄色斑点，严重时，叶片扭曲呈现杯状，老叶焦枯，以至死亡。豆科作物和十字花科作物对钼需求较多。当出现典型缺钼症状时，可用0.01%～0.1%钼酸铵或钼酸钠溶液叶面喷雾，每667平方米用量为50千克左右。

(7)硼 硼可促进植物体内碳水化合物的代谢及运输，参与细胞壁组成物质的合成，调节酚类代谢和木质素的合成，调节生长素的代谢及细胞分裂，促进生殖器官的发育，提高豆科作物的固氮能力，促进蛋白质、核酸的合成。植物缺硼时，植株矮小，茎节间短粗，顶端生长受阻而枯死，茎和叶柄表面增厚并木栓化，根系发育不良，有的只开花不结实，生育期推迟，果实和果肉缩小等，症状出现的部位不稳定，可在根尖、生殖器官、茎尖、老叶处。当出现典型缺硼症状时，用0.12%～0.25%硼砂或硼酸溶液喷洒叶面。

65. 微量元素对豆类蔬菜商品性有什么影响？施用微量元素肥料应注意哪些事项？

微量元素包括铁、锰、铜、锌、硼、钼、氯等营养元素。虽然豆类蔬菜对微量元素的需要量很少，但它们在保证豆类蔬菜正常生长发育方面的重要性与大量元素是相同的。一方面，当豆类蔬菜缺乏硼、钼、锌等微量元素时，会引起生理病害，产量和品质下降；另一方面，微量元素过多也会使作物中毒，轻者影响产量和品质，严重时危及人畜健康。因此，在合理施用氮、磷、钾肥的基础上，喷施硼、钼等微量元素肥料，对提高豆类蔬菜的结荚率、促进籽粒饱满和提高产量均有一定作用。随着作物产量的不断提高和大量施用化肥，豆类蔬菜生产上对微量元素的需要逐渐迫切，合理施用微肥已成为豆类蔬菜生产上一项简便易行、经济有效的增产措施。

微量元素肥料施用有其特殊性，如果施用不当，不仅不能增产，反而会使作物受到严重伤害。为提高肥效，减少伤害，施用时应注意如下事项。

第一，注意施用量及浓度。作物对微量元素的需要量很少，而且从适量到过量的范围很窄，因此要防止微肥用量过大。土壤施用时还必须施得均匀，浓度要保证适宜，否则会引起植物中毒，污染土壤与环境，甚至进入食物链，有碍人畜健康。

第二，注意改善土壤环境条件。微量元素的缺乏，往往不是因为土壤中微量元素含量低，而是其有效性低，通过调节土壤酸碱度、氧化还原性、土壤质地、有机质含量、含水量等，可以有效地改善土壤的微量元素营养条件。

第三，注意与大量元素肥料配合施用。微量元素和氮、磷、钾等营养元素都是同等重要、不可代替的，只有在满足了植物对大量元素需要的前提下，施用微量元素肥料才能充分发挥肥效，才能表现出明显的增产效果。

66. 豆类蔬菜根系与其他类蔬菜相比有何特点？

豆类蔬菜的直根发达，根系木栓化程度高，根的再生能力弱。因此，在栽培上采用多行直播的方法。为了提高豇豆、芸豆和毛豆的产量，可用加温床或保温苗床进行育苗，但苗期不宜过长，一般在第一对真叶展开前带土移栽为好；也可用营养土块（营养钵）育苗，营养土块的大小以不影响根系生长为宜。穴盘育苗要选用50孔的标准穴盘。各类豆类的根系都有根瘤共生，为根系吸取空气中的氮素加以利用。根瘤菌是好气细菌，土壤通气时发育良好，以土层深厚、土质疏松、排水良好的土壤为最适宜。根瘤菌要求土壤中含有较多的有机质，特别是磷素。根瘤菌在活动过程中，常分泌有机酸，使得土壤酸度增强，而根瘤菌的活动要求中性土壤，以pH值6～7为宜，在酸性土壤中磷素易转化为不溶性，植物难于利用。故在酸性土壤中种植豆类蔬菜应施用一定量的生石灰。

67. 播种前需要对豆类蔬菜种子进行哪些处理？

播种前处理种子，主要是为了出苗快，并提高种子的发芽率。常用的处理措施有晾晒、选种、浸种、药剂处理等。

(1)晾晒与选种　将种子在阳光下晒1～2天，可促使发芽整齐，播种温度较低时，还有防止烂种的作用。同一品种中颗粒较大且饱满的种子出苗较高大、健壮，花芽分化也较小粒种子早而好，产量也相对较高。因此，选用粒大、饱满、无病虫的新鲜种子播种是获得高产的基础。

(2)浸种　一般采用干籽直播，但早春地温低，也可采用育苗移栽。育苗移栽的种子应进行温汤浸种。晾晒后的种子用55℃水浸泡15秒，不断搅拌，水温降至30℃时继续浸种4～5小时，捞出待播。催芽方法是将处理过的种子用凉水浸泡3～4小时，中间投洗1～2次，出水后装到干净的瓦盆里或其他容器中，上面盖上湿毛巾，放在25℃～28℃的环境处催芽，每天用25℃左右的温水投洗2次，4～5天可出芽。为确保播种后的出苗率，也可以只浸种不催芽。

(3)药剂处理 为防止地下病虫危害，最好进行种子消毒。一般采用40%甲醛200倍液浸种30秒，以杀灭种子表面的炭疽病菌，然后用清水冲洗干净，晾干待播。为防止种子带有细菌性疫病病菌，可用50%福美双可湿性粉剂拌种，用药量为种子量的0.3%～0.5%。最好在播种前再用0.5%硫酸铜溶液浸种1小时，以促进根瘤菌的发生。

68. 怎样制作豆类蔬菜的育苗床？

在育苗设施内，按一定方向做1.2米宽、0.1米高的平畦，将畦面整平。日光温室育苗，畦面方向为南北延长，长度根据温室跨度而定，前面窗下留出0.5米宽的防寒带。目前，普遍采用营养土育苗，应选用2年以上没有栽培过豆科作物的肥沃田园土。取2份田园土，1份经充分腐熟的土粪，再加入1%～2%的过磷酸钙、5%～10%的草木灰、0.5%的硝酸铵，也可用草炭土替代土粪。马粪和土粪过多或腐熟不充分，播种后对种子发芽影响很大。配制好的营养土均匀铺于播种床上，厚度0.1米左右。选用穴盘育苗方法的，育苗基质要草炭土和蛭石按2∶1的比例配制。

69. 豇豆露地栽培如何进行整地做畦？

豇豆地实行早耕深翻，做到精细整地，以提高土壤保水保肥能力，改良土壤结构，提高土壤肥力。豇豆的根瘤不很发达，植株生长初期根瘤菌固氮能力较弱，为了促进前期生长发育，施用充足的有机肥料作基肥是十分重要的。每667平方米基肥施用量为有机肥料5 000千克以上，过磷酸钙25～30千克，草木灰或砻糠灰50～70千克，或硫酸钾10～20千克。基肥施用方法应与深耕整地结合，深耕前施入迟效肥料，翻至土壤下层，整地做畦时表土再施入充分腐熟的速效肥料。豇豆栽培的畦式，春播一般采用平畦，畦宽 1.33 米。夏播采用高垄栽培。

70. 豆类蔬菜栽培中怎样进行苗期管理？

(1)苗期温度管理 基本原则是出苗前温度维持在 20℃～25℃，种子发芽出土后，覆细土 1～2 次，以利于保墒。苗出齐后可适当降低苗床温度，白天保持在 15℃～20℃，夜间 10℃～15℃。从第一片复叶展开至定植前 7 天，白天温度回升至 20℃～25℃，夜间温度提高至 15℃～20℃，以促进花芽分化和根、叶的生长。定植前 7～8 天开始对幼苗进行低温锻炼，白天降至 15℃～20℃，夜间可降至 8℃～12℃。但应注意逐步降温，切忌一下子降温过多。

设施育苗的温度调节通常采用通风和保温的方法，温度较高时进行通风，同时可以降低空气相对湿度。早春育苗注意温度不可过高，放风调温时要先放顶风，当菜豆第一对真叶刚刚开时可放小风，真叶平展时注意放风时间和放风量，避免菜豆幼苗伤风。冬季育苗时更应注意的是防寒保温，在比较寒冷的地区还要考虑给予适当的加温。

(2)苗期水分管理 如果是苗床育苗一般不用浇水，可根据苗床土质、播种前底水的多少及菜豆幼苗生长情况，视干旱程度浇水。但定植前必须浇 1 次水，以促进“水根”的发生。穴盘育苗的水分管理尤为重要，苗期需浇水但不宜过多，控制浇水要恰到好处，视菜豆幼苗不出现萎蔫为标准，水分过多容易引起幼苗徒长，水分过少容易育出老化苗。

(3)分苗 菜豆育苗一般不用分苗而 1 次育成苗。在育苗过程中，因营养钵过小或需延长苗龄而出现徒长时，可视情况适当加大苗间距离，调整高矮苗的位置，以保证苗的正常生长。穴盘育苗也应在苗期多次调整苗盘的位置，以求苗齐苗壮。

(4)苗龄大小与壮苗标准 按正常管理水平，日光温室早春栽培的日历苗龄一般为20～25天；日光温室秋冬栽培的育苗期气温较高，日历苗龄为10～15天。其壮苗的生理指标应为株高10～15厘米，茎粗0.5～0.6厘米，叶片数为4片，植株还没有开始拔节为宜。

(5)定植 10厘米最低地温在12℃以上时，为春提早菜豆栽培的适宜定植期，此时也是春夏露地菜豆栽培的适宜播种期。定植时的株行距同直播的一样。一般进行穴栽，矮生品种每667平方米4 500～5 000穴，每穴2～3株。蔓生品种每667平方米2 300～3 000穴，露地栽培每穴3～4株，大型设施栽培每穴2株。带土坨定植，深度以埋没土坨为宜。定植后浇少量定植水。

71. 怎样直播豇豆？

春播应在断霜前5～10厘米地温稳定在10℃时下种。一般在清明至小满期间，早播地温低，种子容易腐烂，造成严重缺苗。晚播采收迟，不利高产。秋季栽培，在播期安排上应注意使盛花期躲开高温期，以免落花减产，一般在小暑至立秋期间。播种前选种，剔除瘪粒、未成熟的浅色粒以及破伤、霉烂或已发芽的种子。一般蔓生种可按行距66厘米、株距33厘米穴播，播种深度为4～6厘米，每667平方米3 000穴左右。有些以主蔓结果、茎细叶小而适于密植的品种，每667平方米可增至4 000穴。每穴播种量少则3～4粒，多则5～6粒。出苗后每穴间留至双苗。

72. 豇豆春季早熟栽培怎样进行育苗移栽？

春季栽培若用晚熟品种进行直播，因生育期推迟，进入开花结荚期因高温造成落花，导致减产。因此，春季早熟栽培应选用早熟品种。

(1)精选种子,播种前浸种 将精选的种子用30℃温水浸10～12小时后进行催芽,催芽温度以25℃～28℃为宜。

(2)精细做床,营养钵育苗 播前尽早做1.33米宽、10～20米长的南北向畦为播种床。床深26厘米左右,畦间留66厘米宽走道。冬春翻晒床内表土,使其充分熟化。采用营养钵育苗,培养土要疏松肥沃。一般用腐熟的有机肥和暴晒过的园土,按照4∶6的比例配制,过筛混合。营养钵摆放整齐,不留缝隙,保持床内平整。

(3)适时播种,掌握苗龄 根据定植期和定植苗龄决定播期。一般断霜后定植,苗龄以20～25天为宜。播种过早,床温低,出苗不齐,易出现沤根死苗;播种过迟,达不到早熟的目的。播种时,床内浇足底水,下渗后,每钵3～4粒,覆土厚3厘米左右,有利于保持水分,且容易脱去种皮,出苗整齐,幼茎粗壮。

(4)加强苗床管理,防止徒长 播种后,立即覆盖薄膜,严密封床,保证尽快升温。出苗70%～80%时,开始通风,及时降温,阴雨天气要注意通风排湿。苗齐后逐渐开大风口,直到撤下薄膜,定植前1周左右昼夜不盖,加强锻炼秧苗。

(5)提高定植技术,促进早发 栽培密度同直播。定植后浇定植水,水量要适中,经5～7天缓苗后,加强中耕,保墒增温。待新蔓长出时,再浇水催苗。

73. 豇豆栽培怎样进行田间管理?

(1)合理施肥浇水 前期要适当控制水分进行蹲苗,促进生殖生长,以形成较多的花序。蹲苗期间,连续中耕保蓄地墒,促使根系发育。蹲苗到第一花序开花坐荚时浇第一水,这次浇水要足,浇后停止中耕以免伤根。此时仍要适当控制浇水,防止徒长,促使花序形成,直到主蔓上约2/3的花序出现时,再浇第二水,以后地面稍干就浇水,保持土壤湿润。封顶前如果基肥不足,可结合浇水,每667平方米追施10～15千克速效氮肥。高温季节开花少出现"伏歇",如果肥水不足,容易脱肥落叶,应增施肥水,促使侧蔓生长,形成较多的侧蔓花序,并使主蔓上原有的花序继续开花坐荚。可显著延长供应期,增加后期产量。

(2)整枝打杈 一要抹底芽,即主蔓第一花序以下的侧芽可全部抹除。二要打群尖,即主蔓中、上部各叶腋中若花芽旁混生叶芽时,应及时将叶芽抽生的侧枝打去;若无花芽只有叶芽萌发时,则只留1～2片叶摘心,侧枝上即可形成一穗花序。肥水条件充足、植株生长健壮,侧枝摘心不要过重,使其形成更多花序。三要打顶尖,即主蔓长到2～3米时,及时打顶摘心,控制生长,促使侧枝花芽形成,以免养分消耗和方便果荚采摘。

74. 豇豆怎样进行地膜覆盖栽培?

(1)整地及盖膜 地膜覆盖一般是全生育期覆盖,不进行中耕,必须精细整地。前作收后及时耕翻、耙地,耕层深度为15～20厘米,土壤应细碎、疏松,无残留和大土块。结合耕翻整地,每667平方米施入腐熟农家肥1 500～2 000千克,草木灰50～100千克。整平耙细,然后做小高畦。畦南北向延长,畦高10～15厘米,宽75厘米,畦沟宽40厘米。做畦后立即在畦上覆盖地膜,以免水分损耗,薄膜要紧贴土面,拉紧、铺平、盖严。薄膜四周都要压土。地膜宜在定植前15天左右铺好,以利于增温保墒。

(2)育苗和定植 利用日光温室和大棚多层覆盖提前培育壮苗,是实现豇豆早熟高产的重要措施。由于豇豆根系再生能力弱,故宜用营养土块或营养钵育苗。适宜的苗龄为20～25天,以第一复叶初现时定植为好。一般在晚霜过后,选晴天在畦上按60厘米×15厘米或60厘米×20厘米挖穴,将苗放入穴内,浇底水后栽苗,用土封严,压住地膜,并使其略高于地面。

(3)田间管理 在合理施肥浇水的基础上,做好植株调整是丰产的关键。豇豆抽生茎蔓很快，当植株具有5～6片真叶时，不要着急搭架、引蔓，应进行整枝，以促进早熟、早收。调节营养生长和生殖生长平衡发展。对第一花序以下的侧蔓尽早除去。由于盖膜后植株生长较旺，上部侧蔓摘心不要过重，以便增加坐荚数量。当主蔓伸长达架顶时摘心，促进侧蔓生长。

豇豆地膜覆盖栽培应在开花结荚前适当控水，不追肥，轻度蹲苗。坐荚后再适当浇水，保持土壤湿润。采收中后期根据植株生长情况进行追肥浇水。

75. 怎样进行豇豆大棚春早熟栽培？

(1)品种选择 作大棚早熟栽培的品种，都用适宜各地消费习惯的早熟品种，栽培较普遍的有红嘴燕、之豇28-2、成豇1号、成豇3号等。

(2)培育早熟壮苗 早春豇豆直播后，气温低，发芽慢，遇低温阴雨，种子容易发霉烂种，成苗差。大棚豇豆需提早育苗，这是早熟栽培的关键性技术，可采用酿热温床或电热温床育苗，于2月下旬播种，采用营养钵育苗，种子精选后，在播种前浇透水，每3粒种子播一起，播后盖一层土，将育苗钵摆在温床上，用竹片拱小棚，上盖塑料薄膜。注意苗期管理，出土以前不揭膜，膜内温度保持在25℃～30℃，子叶展开后白天膜内温度降至20℃～25℃，夜间15℃～20℃较为理想，最低不低于5℃。经常保持湿润，注意通风换气。这样，幼苗生长整齐健壮，移栽后生长旺盛。

(3)定植 豇豆根深耐旱，附生的根瘤菌不多，加之生育期较长，要连续开花结荚，则需要较多的养分。因此，在定植前必须深耕，施足基肥，每667平方米基肥用量为有机肥料5 000千克以上，过磷酸钙25～30千克，草木灰50～75千克或硫酸钾10～20千克，深耕前施入迟效性肥料，翻至土壤下层，整地做畦时表土再施入充分腐熟的速效肥料，栽植前整地筑高畦，畦宽包沟1.3米，沟深25～30厘米，覆盖地膜，扣上大棚。在3月上中旬选晴天定植，定植选择晴朗暖天时进行，将地膜用刀片划口后栽入，栽植密度为(45～50)厘米×26厘米，栽苗后将幼苗四周空隙用细土盖严。

(4)田间管理

①温度管理　定植活棵阶段要注意保温、少通风，以提高棚温，有利于缓苗，待蔓叶开始正常生长后，在晴天中午要揭膜通风，开花初期随着气温的升高逐渐加大通风量，以免因温度过高引起徒长和落花。

②肥水管理　豇豆需要有一定数量的优质基肥，才能保证全生育期生长的需要，但基肥过多也会造成植株徒长，调整好营养生长和生殖生长的关系是大棚栽培生产的关键。前期除定植后浇1次水外，要尽量控制肥水，尤其是控制氮肥的施用，防止植株只长蔓叶，不形成花序。植株基部出现花序时开始追肥，当植株大部分出现花序时要施重肥，此时绝不可使叶片发黄，以后每采收2～3次需追肥1次，追肥时使用复合肥效果更好，一般每667平方米施5～10千克，保证植株不早衰。

③植株调整　大棚内不宜过早支架，早了遮阴，但过迟蔓茎相互缠绕，不利于搭架，一般到蔓出后才开始支架，双行栽植的搭"人"字架，将蔓牵至"人"字架上，茎蔓上架后捆绑1～2次。豇豆每个叶腋处都有侧芽，每个侧芽都会长出1条侧蔓，若不及时摘除下部侧芽，会消耗养分，严重影响主蔓结荚；同时侧蔓过多，架间郁闭，通风透光不好，引起落花而结荚少，所以必须进行植株调整。调整的主要方法是打杈和摘心。打杈是把第一花序以下各节的侧芽全部打掉，但打杈不宜过早，第一花序以上各节的叶芽应及时摘除，以促花芽生长。摘心是在主蔓生长到架顶时，及时摘除顶芽，促使中、上部的侧芽迅速生长，各子蔓每个节位都生花序而结荚，为延长采收盛期奠定了基础。至于子蔓上的侧芽生长势弱，一般

不会再生孙蔓，可以不摘，但子蔓伸长到一定长度，3～5节后即应摘心。

76. 怎样进行豇豆大棚秋延后栽培？

(1)品种选择 宜选用耐高温、抗病、丰产、耐贮运、适应性广的品种，如扬豇40、高产4号、杂交4号、之豇28-2、成豇1号、秋豇512等。

(2)精心整地，施足底肥 地深翻30厘米，晒垡15～20天。然后每667平方米施优质农家肥5 000千克，氮、磷、钾三元复合肥25千克，碳酸氢铵40千克，浅翻18厘米，耙平整细后起垄。

(3)行穴距配置 行距按大小行配置，大行按70厘米、小行按50厘米起垄，垄高16～18厘米。穴距25厘米，每穴留苗3株，每667平方米留苗11 400株左右。

(4)适时播种 适期播种是获得高产、高效益的关键措施之一，在7月25日前后播种较为适宜，播种后60～65天上市，恰接露地秋豇豆10～11月份供应市场。播种前用55℃温水加0.1%高锰酸钾浸种15分钟，洗净后再浸泡4～5小时，然后洗净晾干播种。一般每穴播种3～4粒，直播于垄背上，播深3～4厘米，覆好土，浇足底水，使垄背洇透水，保证一播全苗。

(5)田间管理

①*温度调控* 当露地夜温降至15℃时扣棚膜，一般在9月25日前后扣膜。扣膜后白天棚内温度保持在25℃左右，高于32℃时应放风通气降温；夜间保持在16℃～18℃，低于15℃时要加盖草帘保温。

②*浇水与施肥* 齐苗后进行补苗和间苗，每穴留苗3株，10天后浇1次小水，促苗生长，以后中耕松土，促根生长。嫩荚长到3～5厘米时开始浇水追肥，每7～10天浇1次水，保持土壤见干见湿。第一次浇水结合追肥，每667平方米追施尿素15千克，硫

酸钾 10 千克。开花结荚盛期，浇 1 次清水追 1 次肥，共追肥 2 次，第一次每 667 平方米追施碳酸氢铵 20 千克，第二次每 667 平方米追施尿素 10 千克；另外，每隔 10 天左右喷 1 次高美施和钾肥。

③植株调整　植株甩蔓时，就要搭架，便于蔓叶分布均匀，也可用绳吊蔓。避免植株茎叶相互缠绕，有利于通风透光，减少落花落荚，常用的架形为"人"字形架，豇豆分枝性强，枝蔓生长快，整枝打杈调节生长与结荚的平衡。一般主茎第一花序以下的侧蔓应及时摘除，促主茎增粗和上部侧枝提早结荚，中部侧枝需要摘心。主茎长到 18～20 节时摘去顶心，促开花结荚。

④防止落花落荚　造成落花落荚的原因很多，除搞好适时播种、合理密植、采用"人"字架形、搞好肥水管理、及时防治病虫外，可应用植物生长调节剂防止落花落荚，用 2 毫克/升的对氯苯酚代乙酸，或 5～25 毫克/升 β-萘氧乙酸，或赤霉素喷射茎的顶端，可促进开花，增加结荚数量。

77. 芸豆壮苗标准是什么？怎样进行芸豆露地栽培？

培育壮苗是芸豆早熟、丰产的关键。壮苗的标准是子叶完好，第一片复叶初展、颜色深绿；茎粗，节间短，子叶和叶片都不过早脱落或变黄，根系发达，干物质含量高；无病虫害。苗高 5～8 厘米，株丛短而壮，根系发达，有 2～3 片真叶，苗龄为 30～35 天。壮苗抗低温能力强、抗病性好，花芽分化充分，定植后缓苗快，生长势旺，结荚早、结荚多。

芸豆露地栽培主要掌握以下几个环节。

(1)整地与施肥　春季生产一般选择秋菜的冬闲地块，冬前深翻冻垡，开春后整平做畦，保墒提温。秋季栽培选择前茬非豆类的叶菜、瓜类及茄果类早熟栽培的茬口，及时腾茬空地，深翻晒垡。播种前后结合整地，每 667 平方米施腐熟有机肥 2 000～3 000 千克，或豆类专用复合肥 30～50 千克，耙平整细。做畦方式可因地而宜，多雨地区应尽可能采用深沟高畦。畦宽 1～2 米，沟宽 30～40 厘米，大小行种植。矮生品种可等行距种植。

(2)播种育苗 露地栽培多采用直播。播种前把地块整平做畦，浇足底水，穴播或沟播。蔓生品种采用大小行种植，大行距 60～70 厘米，小行距 30～40 厘米，株距 25～30 厘米，搭“人”字形架。矮生品种行株距 33 厘米×33 厘米，播种时每穴 3～4 粒，播种深度为 3～5 厘米，播后及时盖膜。出苗后及时破膜引苗，防止灼伤，并封好膜口。秋播后为防暴雨冲刷或养分、水分损失，保证全苗，可用遮阳网或旧农膜进行浮面覆盖，出苗后及时去除。

(3)田间管理

①确保全苗 直播芸豆由于土壤墒情、播种深度等原因常有缺苗及弱苗，因此确保全苗是获得丰产的重要基础。播种后要加强田间观察，出苗后及时破膜理苗，也可在播种时于穴旁畦边安排部分备用苗并及时查苗补缺。

②中耕除草 芸豆露地栽培的生长季节正处于植株生长的适宜时期，杂草生长旺盛，应及时中耕除草。苗期在雨后或施肥前除草 1～2 次，保持土壤疏松、透气。中耕时结合除草及时培土，促进不定根发育，促进植株旺盛生长。

③合理追肥 芸豆在苗期便进行花芽分化，矮生芸豆播种后 20～25 天、蔓生种大约 25 天时，植株营养生长加快，应及时追肥，尤其是氮肥，促进花芽分化数量增加、分枝节位及坐荚节位降低。但苗期施氮过多，也会使植株茎叶柔嫩、易感病虫害。直播的一般在复叶出现时第一次追肥，育苗移栽后 3～4 天施 1 次活棵肥。追肥量每 667 平方米施腐熟粪水 1 500 千克，最好加入过磷酸钙 25 千克。当植株进入开花结荚期后，需肥量增加，此时应重施追肥，适应荚果迅速生长的需要。每 667 平方米施腐熟人粪尿2 500～5 000千克，每 7～8 天施 1 次，矮生品种施 1～2 次，蔓生品种施 2～3 次。如配合施用 2%过磷酸钙，或 0.5%尿素作根外追肥，可

有效减少落荚，增加荚重。

④引蔓搭架　蔓生芸豆抽蔓后要及时搭架，并定期人工引蔓上架，可用竹竿搭“人”字形架，在畦两端应多插1～2根撑竿以加固支架，防止倒伏。也有采用铁丝上吊银光塑料绳绑蔓栽培，既避蚜虫，又有利于透光透气，适合无公害栽培。

78. 怎样进行春季芸豆地膜覆盖栽培？

(1)品种选择　应选择较耐低温、优质高产的芸豆品种。矮生芸豆可选择嫩荚芸豆等，蔓生芸豆可选择丰收1号、上海小刀豆等品种。

(2)重施基肥，精细整地　因覆盖地膜后土壤温度高，养分分解快，消耗也多，而且地膜覆盖后追肥不方便，所以盖膜前应施足基肥，一般比大田增施30%～50%，并应注意氮、磷、钾肥的配合施用。施基肥后要充分翻耕土地，耕翻耙碎土块，使耕作层疏松细碎、肥土混合均匀。

(3)覆盖地膜　施足基肥，精细整地后，做成宽1米左右的平畦，然后开沟或开穴播种，将地膜拉紧铺于畦面，四周压实。为防风害，应在畦北侧设立风障。采用地膜覆盖栽培要比露地栽培提早10～15天播种。播种盖膜后，应经常检查出苗情况，在小苗拱土将要出土时，立即在出苗处划破地膜，小苗出土后可将苗引出地膜，以防止烤苗。

(4)田间管理　芸豆地膜覆盖栽培同大田露地栽培基本相同，但全生育期浇水量应比露地少。生长前期要控水，以防幼苗徒长，生长盛期也不可大水漫灌，否则植株易感染病害。

79. 芸豆保护地栽培技术要点有哪些？

(1)整地与施肥　芸豆对土壤的适应性较强，适宜生长于土层比较深厚、有机质较多、排水良好的壤土或沙壤土。重茬地或与其他豆科作物连作则生长发育不良，应避免连作，实行 2～3 年轮作。最好选用经过冻垡的冬闲地。秋菜收获后及时深翻冻垡，定植前深耕，耕翻深度要达到 10～15 厘米，然后做畦。畦宽因棚（室）而定。畦面平整。基肥在耕翻前施入，每 667 平方米施腐熟有机肥 5 000 千克，或腐熟人粪尿 2 500～3 000 千克，并加入过磷酸钙 30～40 千克，硫酸钾 10 千克，做畦后整平畦面。

(2)播种育苗

①育苗场地　春夏育苗地应选择地势平坦、背风向阳、土壤肥沃、排水良好、靠近水源、交通方便的地块。播前备好营养钵并浇透底水。

②育苗　采用营养钵、塑料钵或育苗穴盘育苗。

③种子处理及播种　选择籽粒饱满、种皮有光泽、生命力强的种子。播种前晒种 1～2 天，然后用 0.1%硫酸铜溶液浸种 15 分钟，捞出后用清水洗净种子。可用种子重量 0.3%的多菌灵拌种，达到消毒种子、预防芸豆枯萎病的目的。播种前摆好营养钵（营养土块）或育苗穴盘，浇足底水。播种时每钵（穴）放种子 2～3 粒，再盖上细土。播种量蔓生品种每 667 平方米用 2～3 千克，矮生品种每 667 平方米用 2.5～4 千克。播完后苗床盖一层农膜保温保湿。出苗期间白天温度为 25℃～28℃，夜间为 15℃～18℃，保持出苗前不通风。当出苗 80%左右时揭开农膜，少量通风，白天温度为 20℃～25℃，夜间为 10℃～15℃，并注意通风换气。播种前应浇足底水，苗期一般不浇水，若出现叶色浓绿，中午萎蔫时，要及时补充水分。定植前 10 天逐渐加大通风降低温度，白天温度 10℃～15℃，夜间为 5℃～6℃，炼苗 5 天左右，至豆苗叶色浓绿、茎秆坚硬时即可定植。苗期如遇阴雨多湿或温度过高，则容易发生徒长窜苗，应注意及时通风降温。

(3)定植　大棚早春芸豆的定植一般在 3 月上中旬进行，定植时间应选择“冷尾暖头”以促进活棵。定植深度以营养钵或营养土块土面与栽培畦土面平齐为宜，浇足定植水，待水渗入后，封严定植孔。栽培密度，蔓生品种一般行距为 65 厘米，穴距 25～30 厘米，每 667 平方米 3 500～4 500 穴；矮生种株行距为 30 厘米×33 厘米，每 667 平方米 6 000 株。秋延后栽培多采用田间直播。种子的播前处理同上。播种前打好播种穴并浇足底水，每穴播种3～4 粒，播后盖 3～4 厘米厚的土。秋播密度应略小于春栽，蔓生种每 667 平方米 3 000～3 500 穴，矮生种每 667 平方米 5 000 株。有条件的可用遮阳网或稻草浮面覆盖，降温保湿，以保全苗。

(4)田间管理

①温度管理　定植后 3～4 天，一般不通风，以提高棚内温度，促进缓苗，当气温超过 30℃时少量通风。4～5 天后进入正常管理，白天温度为 25℃～28℃，夜间为 10℃～12℃，如遇寒流及阴雨天气，则应加强保温。连续高温时，注意通风。秋延后栽培，当外界气温达到 15℃时，应上大棚两侧的围裙，最低温度达 12℃时上大棚的顶膜。白天温度超过 25℃时，通风降温，以 20℃为宜。以后随着天气变冷逐渐缩短通风时间和减少通风量。随着温度降低，逐渐在棚内覆盖小棚、草帘，及时预防早寒流的袭击。

②肥水管理　早春栽培，水分应掌握“前控后促”的原则，在给予定植水和缓苗水后，到抽蔓前一般不浇水。未用地膜的田块，可加强中耕，7～10 天中耕 1 次，透气保墒，培土促发根。植株长出 3～5 片真叶时，结合搭架浇 1 次抽蔓水，开花期不宜浇水，防止浇水不当，发生严重落花现象。结荚期是植株最需要水的时候，尤其是开始采摘嫩荚，必须保持土壤湿润。后期随温度升高加大浇水量，使土壤水分稳定在田间最大持水量的 60%。秋芸豆出苗前不再浇水，以防水分过多引起烂种，幼苗期少浇水，以促发根、培育壮苗，生长期结合追肥适当浇水，开花期不浇水，第一花序幼荚伸出后浇透水，以后采收 1 次浇 1 次水。冬季温度低时，逐步减少并停止浇水。

芸豆根瘤菌不发达，可采用根瘤菌剂拌种、及时适当追肥等措施，对增产有显著的效果。根瘤菌剂可自行配制，具体做法是在上1年拉秧的芸豆老根中选根瘤多且大的植株，剪下细根及根瘤，收藏入袋，在无光处洗净泥土，放置在30℃以下的暗室内阴干，将干燥的根瘤压成粉末，放在干燥、清洁、无光处保存备用，有效期为1年。对芸豆种子接种时，先用水喷湿种子表面，再用水湿润根瘤菌剂，使其含水量达到35%左右。然后拌种即可播种。每667平方米用干菌剂50克左右。一般在开始抽蔓时追施尿素10～15千克。生长中后期叶面可喷0.01%钼酸铵溶液，或0.2%～0.3%磷酸二氢钾溶液，可有效提高芸豆产量。

③整枝搭架　蔓生芸豆长出4～6片复叶后，节间伸长开始抽蔓，此时应及时搭架并引蔓上架。蔓生芸豆的搭架方法有两种，日光温室及部分大棚采用吊架，也有部分地区采用“人”字形架。吊架是在定植顶部顺行吊架，固定吊绳用的铁丝或直接利用大棚架，用塑料绳下端垂直吊缠于秧蔓基部，上端固定于铁丝或棚架上，及时理蔓，人工牵引上绳，严防茎蔓相互缠绕。“人”字形架则采用竹竿架材，呈“人”字形交叉插入植株旁，上部用横杆固定，并引蔓上架。一般架高应在2米以上。

④防止落花落荚　一是应选用适应性强、坐荚率高的丰产优质品种，适期播种，使芸豆的开花结荚期处于最佳温湿度条件下，并加强肥水管理，及时防治病虫害，促使植株生长健壮，减少落花落荚；二是合理密植及理蔓整枝，为植株生长创造一个良好的通风透光环境，促进潜在花芽开花结荚；三是施用植物生长调节剂。花期可用对氯苯氧乙酸钠1～5毫克/升喷洒植株，也可用5～25毫克/升的萘乙酸溶液喷洒，矮生芸豆在盛花期喷洒1次，隔7～10天再喷1次即可；蔓生芸豆开花一批处理一批，需多次喷洒。在花、荚期用10～20毫克/升增产灵喷洒1～2次。在结荚后用10～20毫克/升的赤霉素喷荚，可促进荚果生长，提高产量。此外，人

工辅助授粉、及时采收嫩荚等，也都是减少落花落荚的重要措施。

80. 荷兰豆露地栽培技术要点有哪些？

(1)整地与施肥 应选择土壤肥力较好、排灌便利、光照充足的田块种植，播种前创造成一个良好的土壤环境，做到耕作层深厚、土壤疏松，并做到精细耕地、施足基肥，保证全苗和壮苗。一般每667平方米施腐熟有机肥2 500～3 000千克，或饼肥35～40千克，磷酸二铵20～25千克，过磷酸钙30～35千克，并适当追施钾肥。将化肥与有机肥混合施入，深耕整平、做畦。播种前浇足底水。

(2)种子直播 春露地3月中下旬播种，直播种子时播种前处理同前所述。播种密度因品种种类、栽培季节和栽培方式不同而异，播种深度为3～4厘米，每穴播种2～3粒，播后压紧，使种子与湿润的土壤紧密接触，保墒促全苗。矮生品种一般采用条播，行距为30～40厘米，每穴播种2～3粒。秋季或冬季栽培时株行距应适当减少，春季栽培行距要适当加大，各地应因地制宜选择适当的行株距。

(3)中耕培土 荷兰豆在幼苗期易发生草荒，应中耕除草2～3次。一般在株高5～7厘米时进行第一次中耕，株高10～15厘米时进行第二次中耕，培土护苗。第三次中耕除草要根据生长情况，灵活掌握。

(4)搭架理蔓 荷兰豆在株高30厘米时，必须搭架，否则茎蔓平卧地面，不仅田间管理和采收不便，而且下部茎叶也容易腐烂招致病害。搭架后通风透光好，茎蔓粗壮，基部腐烂少，结荚多，籽粒饱满。荷兰豆蔓攀缘性不强，有时要进行适当的绑蔓。有的品种生长势强，在株高30厘米时，需要摘心，以促生侧枝，增加开花数，提高结荚率。

(5)灌溉 在生长期间应注意水分的管理。抽蔓开花时，即可开始灌水，特别是以采收嫩荚或鲜豆粒的，更不能缺水。一般浇水2～3次后即可采收鲜荚。在结荚期，良好的水分条件是提高产量和品质的基础。荷兰豆不耐湿，要经常清理沟渠，保证雨后不积水，不受渍害。开花结荚期是荷兰豆一生中需水量最多的时期，时值初夏，雨量偏少，可在开花期和结荚期各浇1次水，能有效地防止落花落荚，提高产量。

(6)施肥 荷兰豆施肥应以基肥为主，但在苗期气温较低，肥料分解慢，并且根瘤菌的固氮能力较弱，可在苗期结合中耕，每667平方米施硫酸铵10千克。晚熟品种在生育后期易发生脱肥现象，则可在抽蔓和结荚期，每667平方米施腐熟的人粪尿500～700千克，加过磷酸钙15～25千克混合追施。也可在初花、盛花、结荚初期，叶面喷施磷肥及硼、钼、锰等微肥有利于增加荚数，促进籽粒饱满，对提高豆荚的产量和品质有显著的效果。

81. 荷兰豆日光温室栽培技术要点有哪些?

(1)整地与施肥 荷兰豆在生长发育过程中根部分泌酸性物质，连作时这些酸性物质在土壤中积累，会影响翌年根瘤菌和根系生长，因此忌连作。白花荷兰豆对连作更敏感，必须实行4～5年轮作，其前茬最好是土质疏松肥沃、酸性较小的水稻田，菜地以冬闲地为好。对土壤要求严格，能耐瘠薄，但以黏质的土壤为最佳。播种前深耕细耙疏松土壤，以促进根系发育，出苗整齐，幼苗健壮，抗逆能力增强。由于荷兰豆根系强大，分布较深，应充分施足基肥。荷兰豆对磷的要求非常严格，磷不足时，分枝减少，果荚生长发育受到抑制，增施磷肥是提高产量的关键措施。整地时，结合深翻整地，施过磷酸钙50千克，草木灰50千克，磷酸二氢钾55千克等复混肥，深翻整细耙平。

(2)种子处理 播种前应精选大粒、饱满、整齐、健壮无病虫的种子，保证全苗壮苗。播种前可用二氧化硫熏蒸种子10分钟，或用50℃温水浸种10分钟,可预防病虫。播种前用根瘤菌剂拌种,可增加根瘤数目,促进成熟,提高前期产量。在播种前用15℃温水浸种,浸泡2小时后上下翻动,待种子皮发涨后取出催芽,当种子萌动、胚芽露出后,在0℃～2℃低温下处理5～10天后取出播种。种子少时,也可将吸涨后的种子直接置于冰箱内处理。低温处理有利于降低第一花序着生节位,提早成熟。

(3)播种床准备 由于荷兰豆的根系再生能力差,荷兰豆育苗移栽时最好利用营养土育苗。营养土由经过耕翻暴晒、碎土、过筛、堆积过的田园土,和无公害处理的腐熟有机肥,按6∶4的比例混合而成,每立方米土中加入过磷酸钙6～8千克,尿素0.5～1千克,或磷酸二氢铵2～3千克,草木灰4～5千克。也可直接采用配制好的专用育苗基质。营养土最好装入营养钵、育苗穴盘或营养纸钵内,有利于保护根系,促进成活。也可直接在苗床上加上营养土,浇足水后按10厘米×10厘米方格划开制成营养土块。

(4)播种及苗期管理 1月下旬至2月上旬播种,播种前苗床上应浇足底水,以满足整个苗期的用水。播种时每个营养钵或营养土块播2～3粒,要注意种子之间的相互间隔,播种深度为2～3厘米,播种后用营养土盖好,土厚4～5厘米。播种后可根据不同气温条件,适当覆盖保温,日光温室早春茬育苗的,播种时正值严寒,可在温室内覆双层膜进行保温。播种后温度应控制在10℃～18℃,待苗出齐后及时撤去苗床上的薄膜,进行降温。出苗后温度降至8℃～10℃,苗期气温过高时,要及时通风降温。真叶出现后,可适当提高温度。定植前低温炼苗,最低温度为2℃,以增加幼苗的抗寒能力。荷兰豆幼苗期间一般不浇水。过于干旱,只能浇少量水或喷水,防止浇水过多造成幼苗徒长。

(5)适时定植 日光温室栽培多采用育苗移栽,移栽定植应注意适宜苗龄。苗龄过小,前期生长缓慢,严重影响早熟上市,苗龄过大,易早衰,造成减产,适宜的壮苗标准为幼苗具有4～6片真叶，节间短，幼茎粗壮，直立无倒伏，生理苗龄一般为22～35天。定植前按穴距打孔，穴距根据不同季节及品种而定。荚用豆中蔓生品种一般采用大小行定植，大行距50厘米，小行距40厘米，穴距25厘米。矮生品种如中豌4号宜适当密植。移栽时在畦面按穴打孔，及时定植，并浇水，促进成活。

日光温室棚内直播，春、夏、秋播行距为35厘米，穴距为10厘米，每穴3粒，每667平方米用种量约10千克。冬播行距为40厘米，穴距为15厘米。

(6)温湿度管理 冬春栽培，定植后缓苗期间温度应稍高，因此温室定植后应适当覆盖保温，大棚定植后，停止通风4～5天，增加温度，缩短缓苗时间。缓苗至始花期，白天温度应保持在20℃，高于25℃时开始通风降温，夜间温度在10℃以上，空气相对湿度要求在60%～80%，开花结荚期对温度及湿度要求较敏感，温度过高、空气过干，易引起落花落荚。白天温度保持在15℃～20℃，夜间温度为12℃～15℃，空气相对湿度为80%左右。应根据室(棚)内外气温及时通风，提高结荚率。

(7)水肥管理 荷兰豆耐旱力强，但耐湿性差，定植后浇足底水，并及时进行中耕除草、培土保墒，一般不再浇水。开花初期不宜浇水，以防落花，如土壤干旱，可少量浇水。开花结荚期需水量最大，此期不能缺肥受旱，要加强肥水管理，保持土壤湿润，及时追施肥水2～3次，可用腐熟的人粪尿加少量的过磷酸钙，稀释后施入，促进结荚壮粒。

生长后期根据长势也可采用0.5%尿素溶液和0.2%磷酸二氢钾混合液进行根外施肥，干旱时及时补水。另外，夏季栽培的高温期更要注意水分的及时供给，这样既可以满足生长发育对水分的要求，又能有效降低地表温度，促进其正常生长。

(8)整枝理蔓 蔓生或半蔓生荷兰豆品种的茎蔓中空而脆嫩，很易折断，特别是蔓生品种，枝蔓匍匐，互相缠绕，影响通风透光，导致落花落荚，引发病害，影响产量。因此，当苗高 30 厘米时，应及时搭架，架高 1.5 米左右。半蔓生品种，在始花期有条件的最好也搭简易支架，防止风雨后倒伏。棉花套作荚用荷兰豆，高产棉田棉秆粗壮支撑牢固，荷兰豆茎叶生长良好；如果棉秆低矮，株条相互缠绕，茎叶生长受阻，通风透光不良，就会影响产量。茎蔓满架时，应根据植株长势，摘心促发侧枝，适当摘除多余的分枝和花朵，及时清除基部黄叶、老叶，以利于通风透光。

(9)降温和防冻 荷兰豆夏季栽培时，由于气温高、生长快、生育期短，豆荚小而少，可适时加盖遮阳网，减少阳光的直射，降低气温和地温，增加土壤湿度，促进植物生长，增加产量。越冬栽培中，荷兰豆开花后抗冻能力下降，并且豆荚在长粒充实阶段需要有一定的温度。因此，在短期强寒流来临之前应突击加盖防寒材料，避免嫩荚受冻。

(10)植株调整 有徒长趋势的荷兰豆，可用 15% 多效唑 1 000倍液喷雾控制。

82. 芸豆田怎样进行化学除草？

芸豆栽培多为大粒种子直播，并且播种较深，从播种至出苗一般有 5～7 天的时间，比较适合施用芽前土壤封闭性除草剂。可以选用的除草剂品种和施药方法如下：33%二甲戊灵乳油，以 100～150 毫升/667 米^2，对水 40 升均匀喷施，或 50%乙草胺乳油100～200 毫升/667 米^2，或 72%异丙甲草胺乳油 150～200 毫升/667 米^2，对水 40 升均匀喷施，可以有效防治多种 1 年生禾本科杂草和部分阔叶杂草。对于覆膜田、低温高湿条件下应适当降低药量。药量过大、田间过湿，特别是遇到持续低温多雨的条件，菜苗可能会出现暂时的矮化，多数能恢复正常生长。但严重时，会出现真叶畸形卷缩和死苗现象。为了进一步提高除草效果和对作物的安全性，特别是为了防治铁苋、马齿苋等部分阔叶杂草时，也可用 33%

二甲戊灵乳油75～100毫升/667米^2，或50%乙草胺乳油75～100毫升/667米^2，或72%异丙甲草胺乳油100～150毫升/667米^2，加上50%扑草净可湿性粉剂50～75克/667米^{2}或24%氧氟醚乳油10～150毫升/667米^2，或25%噁草酮乳油75～100毫升/667米^2，对水40升均匀喷施，可以有效防治多种1年生禾本科杂草和阔叶杂草。

83. 四棱豆繁殖方法有哪几种?

四棱豆生产上繁殖有种子播种和块根繁殖两种方式；一般以种子播种为主。用种子繁殖必须进行种子处理，步骤是先晒种1～2天，再用45℃～55℃的温水烫种10分钟消毒，然后浸种2～3天，每天换水1次。待种子吸足水时，再捞出沥干水，晾干种皮即可播种。播种行株距掌握在90厘米×60厘米为宜，每穴播种2～3粒，再盖草木灰，覆土厚3～4厘米。若育苗移栽，则要等四棱豆苗长出4～6片真叶时，才能移栽至大田。块根繁殖采用温床催芽育苗，块根苗栽培密度以每平方米1株为宜，每667平方米约600株，一般起垄播种，播深5～7.5厘米。如果直接露地定植，可将中等偏小的块根头朝上埋植于穴中，用地膜覆盖定植穴。这样能促其早发芽，早开花结荚。

84. 四棱豆棚室出现氨气危害时应怎样处理?

当棚室内氨气的浓度达到0.1%以上时，就能危害四棱豆。在晴天气温高，苗期或生长期，1～2小时就可能导致死亡。农家肥要充分腐熟后再施用。一般应选择施化学性质稳定的复合肥。如果发现有较轻氨害时，可及时通风并全面喷施1%白醋，或40%赤霉素水溶性粉剂1 500倍液喷施，或用0.001 6%芸薹素内酯水剂对水50升喷施，或用解害灵25毫升对水15升喷施3天，可恢复生机。

85. 四棱豆播前怎样整地播种?

四棱豆根系发达,喜温,耐肥,忌渍,宜选择肥沃深厚、排水良好的土壤。播前或定植前翻耕 25 厘米深,做成 1.2 米宽的畦,按 40 厘米穴距挖穴。穴内施足有机肥,特别要施足磷、钾肥。每 667 平方米可施腐熟的有机肥 1 000～1 500 千克,过磷酸钙 20～25 千克。

四棱豆播种前要精选种子,除水选外,还要进行精选,并且应做发芽试验。播种前,选晴天晒种 2～3 天,使种子含水量一致,出苗整齐,并可灭除种子表面的病菌。

四棱豆种子坚硬而光滑,种皮较厚而致密,透水性差。在播种前稍加机械损伤或用稀硫酸浸种,有利于发芽。催芽的方法是把四棱豆浸在温水中,浸种 6～10 小时,催芽温度以 25℃为宜。

四棱豆可直播,也可移植。在北方的直播时间一般为 5 月中旬左右,当日气温在 15℃以上为宜,每穴放经催芽的种子 2～3 粒。若采用育苗移栽,在播种前 1 周(4 月份),大棚内用营养钵或苗床育苗。苗床播种量每平方米为 100～150 克,具 4～6 片叶时即可移栽,苗龄不要超过 1 个月,否则苗龄过大不易移栽成活。

86. 四棱豆定植后如何进行田间管理?

在露地播种 7～8 天后,要及时查苗补苗,确保全苗。出苗后头 1 个月幼苗生长慢,需结合除草,浅中耕 1～2 次。苗长到 7～8 片叶时定苗,每穴 1 株。出苗后 30～40 天,幼苗生长迅速,进入抽蔓期,应及时用竹竿或木棍作支架,让其缠绕生长。抽蔓后如土壤板结,可深中耕 1～2 次,以促进根系生长及根瘤形成。同时,应多次摘心,以促生低节位分枝。现蕾开花期要加强肥水管理,结合浇水每 667 平方米施过磷酸钙 50 千克、氯化钾 10～15 千克,以促进早现蕾、早开花,并防止早衰。此外,要及时摘去第二次、第三次分枝和生长过旺的叶片，同时培土，以利于块根的形成。

87. 扁豆播种育苗如何进行操作?

(1)整地施基肥 扁豆对土壤的适应性广，但以排水良好而肥沃的沙质壤土或壤土能显著增产。扁豆忌连作，宜2～3年轮作。在整地时应结合施基肥，一般每667平方米施腐熟人畜粪尿1 000千克左右，过磷酸钙20千克。

(2)播种 扁豆一般多行直播，畦宽133厘米，高10～16厘米，沟宽50厘米，每畦种2行。行距为67～83厘米，株距为50厘米，每穴播种3～4粒，覆土3～4厘米厚，每667平方米需种子3.5～4千克。

(3)育苗 每年2月下旬至3月上旬选地势干燥、土质疏松、背风向阳的地块做苗床，翻耕整平，铺一层营养土，每平方米苗床用50%多菌灵可湿性粉剂10克加0.5～1千克干细土拌匀，撒于播种床畦面，进行土壤消毒，3月中旬在大棚或拱棚内育苗。每667平方米大田用种量500克，播后覆土并一次性浇足底水，畦面薄铺稻草，盖好薄膜，出苗后15～20天小苗定植。

88. 扁豆播种育苗应注意哪些问题?

播种育苗应注意的问题包括：一是浸种时间不可过长或过短，以种子吸足水分、种皮膨胀无皱纹为宜；二是播前一定要浇足苗床水，播种后切忌浇灌蒙头水；三是不可播种过深或过浅(过深，胚根易盘旋生长，甚至烂芽不出苗；过浅则易落干)，以1.5～2厘米为宜；四是掌握好苗床温度。温度偏高，出苗过快，下胚轴长得过长而细，幼苗不够敦实。温度偏低，出苗慢，幼苗生长不旺。苗床土壤温度以维持在白天20℃～26℃、夜间16℃～18℃，播后7～9天出苗为宜。

89. 棚室扁豆如何定植?

穴距按70厘米。每穴定植双株苗,每667平方米定植2 500棵左右。栽时开大穴,先浇水,后放入苗坨,坐水摆正苗坨,水渗下2/3时埋土封穴。全棚定植完后,将垄面和垄沟里的土块打碎,整平垄背,然后覆盖地膜,随盖膜随撕孔放苗。一般采用幅宽165~170厘米的地膜进行双行覆盖,将垄背垄沟全覆盖,膜缝在大行中间,而且重叠10~15厘米。

90. 棚室扁豆如何进行管理?

(1)肥水管理 直播的出苗后需匀苗,每穴留2株。匀苗后用稀薄人畜粪水施缓苗肥,第一花序结荚后加大追肥量,每667平方米用人畜粪水1 000千克,碳酸氢铵10千克,以后根据植株长势10~15天追1次肥。

(2)整枝搭架 植株开始抽蔓时搭"人"字形架,植株长到架顶时摘顶,无花序的侧枝需及时摘除,有花序的侧枝在第二至第三个花序后留4片叶摘顶,豆荚成熟后及时收获,使其基部从侧位重新萌发花芽。如果个别植株在7月中下旬前长势差,可从较差的部位剪除,使其另发侧枝。对于过密处的老弱病叶也要及时摘除。

(3)摘心 不设支架栽培的,应进行摘心,使植株矮化,结荚多而密,如肥水及时、充足,则生产潜力大。一般当植株高50厘米时,留40厘米摘心,促生侧枝,当侧枝的叶腋生出次侧枝后再摘心,这样连续摘心4次。到开始采收后,见生出嫩枝仍可摘心,使植株呈丛生状。

91. 保护地毛豆栽培技术要点有哪些?

(1)整地与施肥 毛豆不耐肥,宜选择光照条件好、排灌方便、土壤肥力中等、土质疏松的地块种植,最好实现2年以上轮作。前茬收获后及时进行深耕晒垡，要求深翻土层20厘米以上。每667平方米施腐熟有机肥1 500～2 500千克，翻入土中作底肥。播种前在播种沟内施过磷酸钙20千克，与土壤混合均匀后整平做畦，畦宽80～160厘米（可根据地膜宽度定沟），沟宽40厘米左右，盖好地膜待用。畦长自定。

(2)播种育苗

①*苗床及床土准备* 苗床应选择在背风向阳、1～2年内没种过豆科作物、土质疏松、肥沃的保护地内，大棚加小棚覆盖，北方地区可利用日光温室的中部作为苗床。用充分暴晒消毒的菜园土6份与腐熟有机肥4份充分混合，过筛拌匀，掺入0.05%敌百虫或多菌灵，堆制10天左右，营养土堆制一般在6～8月份经高温发酵而成。

②*种子处理* 选择粒大小一致、饱满无破损的种子，将种子放在阳光下晒1～2天，促进种子吸水，使发芽整齐。早春播种，为提前出苗，可采用温汤浸种，用55℃温水烫种5分钟，然后加入冷水达到25℃～28℃，浸种2～4小时，捞出晒干后即可播种。

③*播种* 长江流域早春大小棚栽培的播种时间在2月上旬至中旬。播前1个月提前扣棚，提高地温。播种前将营养钵装入八成营养土，播前浇足底水，每钵放入种子3～4粒，上盖2～3厘米厚的细土，以不露种子为宜。播种后用地膜覆盖，保温保湿，出苗后及时揭膜。

④*苗期管理* 出苗前不揭膜、不通风、不浇水。当大部分苗子的叶片完全展开后，如白天温度过高，则要揭开棚膜通风，下午及时封棚保温。待子叶展平，初生叶伸展后，温度白天保持在25℃～28℃，夜间在12℃～13℃。如土壤过干，则可选择晴天中午揭膜浇水，结合间苗除草。定植前10天开始揭膜通风炼苗，停止浇水，先是日揭夜盖，逐渐昼夜通风，使幼苗达到矮壮、茎粗、叶色深的壮苗标准。

(3)定植 毛豆定植要求大棚内气温不低于2℃～5℃，10厘米地温不低于10℃～12℃，并能稳定1周。长江流域定植一般在2月下旬至3月上旬，其方式为大棚＋小棚＋草帘＋地膜，即“三膜一帘覆盖”。大棚早熟栽培可采用直播方式，长江流域一般在2月中下旬直接播种于大棚畦面上，大棚内盖小拱棚，或3月上中旬大棚内地膜覆盖播种，或3月下旬直接进行地膜覆盖直播，或小拱棚内直播。

当幼苗第一对真叶由黄绿色变为青色而尚未展开时为定植适期，一般苗龄在25天左右，苗高10～15厘米。定植时一般1穴2株，栽植不宜过深，以两叶离地1～1.5厘米为宜。行距30厘米，株距20厘米左右。定植后及时浇定根水，以后每隔2～3天浇1次水，连浇2～3次，直至缓苗。定植后1～3天，扣紧大棚不通风，使棚内温度白天保持在20℃～25℃，夜间15℃～20℃，以利于缓苗，如遇低温寒流，夜间小拱棚应加盖草帘防止冻害。当棚温高于30℃时，在午间适当放风降温，缓苗后逐渐加大通风量。未铺地膜的应及时中耕松土，促进发根。

(4)田间管理

①查苗补苗 定植后10天内要及时查苗补缺。直播的毛豆齐苗后应及时间苗，淘汰弱苗、病苗和杂苗。定苗时通常每穴留2株。缺苗的补苗。

②水肥管理 春季雨水多，要注意清沟排水。定植成活后不出现缺水症状不要浇水，以防止土温降低。进入开花期后，气温明显回升，需水增加，要及时供给充足的水分，经常保持土壤湿润，满足开花结荚和籽粒灌浆对水分的要求。一般间隔5～7天浇1次水。毛豆施肥的重点在苗期和开花期。苗期因根瘤菌尚未很好发挥作用，为促进根系生长和提早抽生分枝，需要及时追施氮肥，可以在定植后10～15天内，结合浇水，每667平方米施用腐熟的人粪尿500～700千克，或用三元复合肥20～25千克、硫酸钾10千

克。为减少落花落荚，加速豆粒膨大，开花期要用2%～3%过磷酸钙浸出液和0.01%～0.05%钼酸镁溶液喷洒叶面，提高产量。同时，采摘前1周施少许尿素，有利于保持豆荚青绿。

③中耕除草　中耕时结合培土，把土壅到植株基部，以保护主茎，防止倒伏。梅雨期结合清沟排水，把畦沟中的土铲起，铺于畦面，防止根群外露。

④防止徒长，增加荚数　在栽培上，应加强水肥管理，合理密植。同时在开花中后期将主茎心摘去1～2厘米，可达到良好的效果。另外，在开花结荚期，喷洒20～30微升/升的4-碘苯乙酸，可有效抑制主茎生长，防止倒伏，减少落花落荚。另外，叶面喷施多效唑也有同样的效果，可增产6%～9%。最佳喷施时间为分枝期至初花期，溶液浓度为250微升/升。

92. 毛豆春、秋露地栽培怎样进行播种育苗？

露地毛豆以直播为主。早熟品种直播适期为4月份，个别利用地膜覆盖栽培可提前至3月下旬；中熟品种主要在4月下旬至5月中旬播种；晚熟品种主要在5月下旬至6月中旬播种。播种时主要采用穴播和条播相结合的方法。在畦面上按预定行距开浅沟，沟底平整。再按适宜的株距把种子播入沟内，每处种子3～4粒，播后盖土3～4厘米厚。穴株行距，早熟品种(15～20)厘米×50厘米。播种时因品种熟性及籽粒大小而异，小粒品种每667平方米用种子5千克左右，大粒品种每667平方米用种子7千克左右。

秋毛豆播种出苗期正值高温，植株蒸腾作用较强，很容易发生萎蔫而枯死。要就地取材，利用遮阳网、旧草帘等遮阴降温，促进全苗。

直播毛豆齐苗后需及时间苗，淘汰弱苗、病苗和杂苗，一般在子叶刚展开时间1次苗，第一单叶开展前定苗，每穴留苗2株。要掌握在小苗时及时补苗，确保缓苗成活。

93. 毛豆摘心打顶有哪些好处？

毛豆摘心打顶是促使毛豆提早成熟并获丰产的有效措施。摘心可以抑制生长，防止徒长倒伏。试验证明，摘心可增产5％～10％，成熟期提前3～6天。

94. 刀豆如何播种育苗？

选择土壤深厚、排水、通气良好的田块，深耕冻垡，开春后耙地、做畦，畦宽130～150厘米。结合整地每667平方米施充分腐熟有机肥2 500千克作基肥。终霜后即可播种。行穴距为0.8米×0.5米，每穴播种2～3粒，深度为5厘米。播种后可覆盖地膜，提高地温，促进发芽。出苗时及时破膜，引出豆苗，堵好膜孔。一般播种后15天左右出苗。刀豆种子不易发芽，最好采用营养钵或营养土块育苗。待两片基生叶生出时即可移植大田。

95. 刀豆如何进行田间管理？

(1)肥水管理 出苗前保持土壤湿润，但水分不宜过多，以防烂种。开花前宜控制水分，不宜多浇。开花结荚后应增加浇水量，特别是幼荚长3～4厘米时，需供水充足。出苗后分期追肥，植株具4片真叶时追第一次肥，坐荚后结合浇水追第二次肥，结荚中后期再追肥1～2次。应施用氮、磷、钾完全肥料。

(2)中耕培土 开花前一般中耕2～3次，以提高地温和保墒。结合中耕除去田间杂草，并适当培土。

(3)植株调整 主蔓50厘米长时引蔓上架。开花结荚期适当摘除侧蔓或摘心、疏叶，有利于提高结荚率。

96. 青刀豆如何进行整地播种?

青刀豆栽培宜选择土层深厚、通气性好、疏松肥沃的土壤,不要选用豆类作物连作的地块,实行3～4年轮作。播种前要深翻地,整地前每667平方米施优质农家肥2 500～3 000千克,过磷酸钙20～25千克,硫酸铵10～15千克,氯化钾15～20千克。

蔓生和矮生青刀豆均可春播,也可秋播,以春播为主,同一品种春播较秋播产量高12%以上。播种时应选粒大、饱满、无病虫的新种子,多直播,也可育苗移栽。秋播宜采用高畦栽培,以利于防涝。播种密度,蔓生品种行穴距为(55～60)厘米×(30～40)厘米,每667平方米约3 500穴,每穴播2～3粒种子;矮生品种行穴距为40厘米×30厘米,每667平方米约5 000穴。

播种时间,春作5厘米地温稳定在12℃以上时方可播种,北方地区一般在3月下旬至4月上中旬,采用地膜覆盖栽培可提早5～10天播种。秋作一般在6月中下旬至8月上中旬播种,高温情况下从播种至齐苗后10天左右可利用遮阳网覆盖栽培。

97. 青刀豆如何进行田间管理?

青刀豆整个生育期需要适宜的空气相对湿度和土壤湿度。苗期一般较耐旱,可酌情浇水1～2次,齐苗后可随水追1次氮肥,每667平方米施硫酸铵10千克,以促进植株生长和花芽分化。蔓生品种甩蔓时,应及时插架。开花结荚期应保证肥水供应,一般每3～5天浇1次水,保持土壤湿润,随浇水追肥2～3次,每次施腐熟的人粪尿1 000～2 000千克/667米^2,或硫酸铵20～30千克/667米^2。配合进行叶面追肥2～3次,每隔5～7天1次,每次叶面喷施0.3%尿素,或0.2%磷酸二氢钾,或2%的过磷酸钙溶液,最好3种肥料交替运用。叶面追肥有减少落花落荚、增加后期荚重的作用。

98. 蚕豆如何播种?

宜挑选大小适中、无病害、无破损、经过开水浸烫、健壮完好的豆粒作种子。播前晒种1～2天，以利于提高田间出苗率和齐苗率。播种方法有打穴点播和开行点播两种。播种深度以5～6厘米为宜。播种过深子叶节上分枝退化，分枝节埋在土中，分枝减少。播后盖土3厘米厚。荚用蚕豆一般行株距为50厘米×25厘米，或40厘米×30厘米，或100厘米×15厘米，每667平方米4 500～7 000穴，每穴播种子2粒。大粒品种，如陵西一寸、日协大粒蚕豆，可放宽密度，行株距为100厘米×24厘米，或80厘米×30厘米。每667平方米用种量因行株距及种子大小而有差异，一般为8～12千克，大粒种子、行株距较大的略少，为5～7千克。

99. 蚕豆如何进行田间管理?

(1)肥水管理 蚕豆种子大，吸收力强。在秋、冬季雨水少，土地干燥的地区，播种后1～2天应充分供水，促进早发芽，早齐苗。幼苗生长达3～4片真叶时，豆种所贮养分消耗殆尽，而根瘤尚未形成，如幼苗生长缓慢，叶色转黄，应及时追肥，促进早分枝，多分枝，使前期生育良好。苗期每667平方米可追施尿素3～5千克。初花期每667平方米施尿素8～10千克，对提高结荚率和籽粒饱满十分重要。要及时浇、排水，苗期和花期积水易造成根系和根瘤生长不良，花荚大量脱落，病害严重，但花荚期又不可缺水干旱。在南方春季雨水多时，应做好清沟排水工作。

(2)整枝 3月中下旬株高达20～30厘米时，要打去主茎，剔除细、弱无效分枝，留健壮侧枝5～6个，并用土块压在植株中间，使侧枝分开有利于通风透光多结荚。另外，当蚕豆进入盛花后期，应及时打顶，使养分集中供应下部幼荚，减少上部无效养分消耗，使豆粒充实饱满。

100. 甜豆播前怎样进行整地和施肥？

选择前茬为非豆科的地块，避免连作，一般要轮作3～4年。播种前要深翻地，结合秋耕，每667平方米施优质腐熟的有机肥3 000～5 000千克、复合肥50千克、过磷酸钙25千克；施用磷肥时，最好与农家肥混合使用，效果更好。整地做畦，畦面宽1米，沟宽0.3米，沟深0.25米。

101. 甜豆如何播种？

选用籽粒饱满、无病虫的种子，北方地区于3月份播种，甜豆耐寒不耐热，幼苗期能忍受－4℃低温，种子发芽最适温度为18℃～20℃，在18℃时3天便能发芽，苗期温度稍低，可提早花芽分化，温度高特别是夜温高，开花节位高，超过25℃以上，生长不良，结荚少。于畦面开小沟，行距为60厘米，穴距为13～15厘米、深3厘米，每穴播种2～3粒，甜豆种子发芽时子叶不出土，所以播种深度比子叶出土的豆角稍深些。每667平方米用种量为3～3.5千克。如果土壤较干，要浇水点播，播后覆土厚2～3厘米，镇压即可。

102. 甜豆生育阶段如何进行田间管理？

(1)中耕 出苗后1周浅耕1次。

(2)插架 苗高20～30厘米时要及时搭架，用绳子或稻草绑蔓，防止倒伏。架高保证在2米以上，架材选用粗竹竿或木杆，每隔2～3米插1根。

(3)肥水管理 植株开花前以控为主，以促进根系向纵深生长，为盛果期能大量吸收肥水打好基础。进入开花结果期，甜豆需水肥量加大，不可缺水，应经常保持土壤湿润。待基部坐果后开始浇水，以后每隔15天施肥水1次，注意氮、磷、钾的配合施用，每次每 667 平方米可用 7～8 千克复合肥对水 10～15 升淋施，肥料用量视植株长势而增减。

103. 鲜食大豆如何播种？如何施肥？

在 3 月中下旬采用保护地育苗移栽，或 4 月初露地播种。生产上采用宽行窄株种植，行距为 30 厘米，每穴播 3 粒种子。每 667 平方米用种量为 6～8 千克。一般要求每 667 平方米底施复合肥 30 千克，在大豆三叶期施尿素 10 千克，开花初期施复合肥 30 千克，并施好大豆鼓粒肥，以确保其结荚率、成品率和产量。

104. 鲜食大豆怎样进行化学除草？

在大豆播种后出苗前，每 667 平方米用 60%丁草胺乳油 100 毫升，加水均匀喷施，封杀田间杂草。4 叶期时，根据田间杂草的发生情况，一般每 667 平方米用 12.5%氟吡甲禾灵乳油 50 毫升，加 48%苯达松乳油 150 毫升加水喷雾。

105. 藜豆如何播种？如何施肥？

藜豆一般 4 月份播种，最迟不能超过 5 月上旬。对种植地虽无严格要求，但以肥沃疏松的土壤及向阳之处种植，能获得较高的产量。在荫蔽少光的条件下，落花、落荚多，产量低。种植穴宜大、宜深，每穴可施腐熟有机肥 10～20 千克，过磷酸钙约 60 克，播种子 3～5 粒，覆土厚 4～5 厘米。播种后需浇水至出苗为止。搭架引蔓上架，注意使茎叶均匀分布。开花结荚前视生长情况追施1～2 次肥，促进其茂盛生长。在开花结荚期间追肥 1～2 次。藜豆不易受病虫危害。

106. 怎样进行莱豆栽培管理？

莱豆的栽培技术与一般菜豆基本相似，但在整个生育期间对温度的要求比菜豆高,同时在开花期温度太高,又会导致落花落荚。莱豆的播种期不宜过早,以免造成种子霉烂。在生长季节较短的地区,最好利用保护地进行护根育苗,以延长生长期,提高产量。具体做法是在断霜前1个月左右,在冷床、温床或塑料薄膜小拱棚中,用直径6～10厘米的营养钵或纸袋培育壮秧、大秧,待晚霜过后定植于大田,由于定植不损伤根系,定植后没有缓苗期,可加速生长,提早开花坐荚。莱豆的管理工作,除进行多次中耕、除草和及时支架外,初花和盛花期要酌情重施追肥各1次,以氮肥为主,适当配合磷、钾肥。

莱豆的坐荚期较长,成熟有先后,不论采收嫩荚还是老豆荚,都要分批采收。当豆荚已充分肥大,种子已充实,荚壳开始变黄时,是采收嫩荚的时期。如延期采收,种子内的淀粉增加,糖分降低,影响品质。作为加工罐头的、冷冻的,在种子已有3%～5%变白时是最为理想的采收期。以采收干种子为目的的,需待种子完全成熟时采收。

107. 多花菜豆如何播种?

多花菜豆的栽培可分单作与间作两种,以单作为主。单作的地块,前茬收获后,及时耕耙整地,一般整成高畦或高垄,畦宽连沟2米,栽植2行,株距为40厘米;如垄距连沟1米,栽1行,株距为40厘米。每穴播种2～3粒,以后选留1株。播前要做好晒种和选种工作,选颜色一致、粒大、饱满的籽粒作种。播种深度取决于土质,一般以10～15厘米为宜。根据多花菜豆比较耐寒和子叶不出土的特性,可适当早播和深播。播后覆土厚5厘米左右。种植季节依不同地区无霜期的长短而定。华南地区冬季无霜,可冬春栽培。长江流域因夏季高温,宜选用早熟矮化品种,春、秋两季栽培。云南、贵州、四川、陕西等高山区和东北、西北、内蒙古、新疆等夏季气候凉爽的地区露地栽培,在10厘米地温达到10℃以上即可播种。一般在4～5月份播种，8～9月份收获干豆。

如间作，可与马铃薯、玉米等间套作，每4行马铃薯间种1行红花菜豆，套种玉米则2行玉米1行豆。也可育苗移栽。

108. 多花菜豆怎样进行田间管理？

多花菜豆的根系有一定的固氮能力，但由于植株生长旺盛，生长期长，需肥量大，除施足基肥外，在初花期和盛花期还要各重施1次追肥。基肥一般每667平方米施腐熟有机肥2 000～3 000千克，过磷酸钙30～40千克，均匀撒施后深耕细耙，做畦。初花期可追施速效肥或氮素化肥，每667平方米施尿素5～10千克，促进茎叶生长。盛花期需再追施1次肥，每667平方米施复合肥10～20千克，要求氮、磷、钾并重，防止偏施氮肥。

在生育过程中，要及时中耕除草，在株高10厘米左右时进行第一次中耕除草，并酌情追肥提苗。株高30厘米时，进行第二次中耕除草。同时进行培土，以使上胚轴多发不定根，扩大根系对水肥的吸收面积。苗高30厘米左右时植株开始抽蔓，要及时搭架引蔓，并剪除过多的分枝，以留侧蔓3～5条较为适当，以利于通风透光。支架可用竹竿或树棍搭成"人"字形或篱笆式，要求牢固，防止被风吹倒。

苗期要适当控制水分蹲苗。开花结荚期要看天气进行浇水，如干旱无雨天，需浇水1～2次，使畦土不致太干便可。在多雨地区雨天要注意排水，防止畦沟积水。

多花菜豆的花期长达30～40天，开花结荚时植株还在进行营养生长，使养分不能及时供给开花结荚，或侧蔓生长过旺，影响通风透光，均容易引起落花落荚。因此，在开花结荚期间要及时打侧蔓和摘心，以抑制茎叶生长，减少养分消耗，促进养分向豆荚中运转，以提高结荚率和促进成熟。

109. 豆类蔬菜落花落荚的原因是什么？其防止措施有哪些？

(1)落花落荚的原因 生产中豆类蔬菜的花芽分化数和开花数较多，但结荚数较少，特别是菜豆的结荚率仅占开花数的20%～35%，豇豆只有20%～30%。究其原因主要有以下方面。

①营养原因 营养生长与生殖生长同时进行，其间的养分竞争及花、荚之间的养分竞争激烈，造成落花落荚。

②温度原因 早春10℃以下低温和夏季30℃以上高温，直接影响花芽的分化和花粉的生活力，或出现不孕花。同时，高、低温致使植株生长不良，间接造成落花落荚。

③水分原因 空气相对湿度和土壤水分含量过低或过高也会影响花粉的发芽能力，造成落花落荚。

④光照原因 光照过强或弱光，易造成落花落荚。

⑤管理原因 选地不当、排水不良、密度过大、施肥不合理、采收不及时、病虫危害等也会造成落花落荚。

(2)防止落花落荚措施

①选用良种 选用适应性广、抗逆性强、坐荚率高的优良品种。

②精选种子 确保苗全、苗齐、苗匀、苗壮。

③掌握好播种时间 充分利用最有利于豆类蔬菜开花结荚的生长季节，使植株生长健壮，增强适应性，减少落花落荚。

④加强土、肥、水管理 选用疏松、排灌良好的土壤，施用充足的腐熟有机肥和磷、钾肥作基肥。严格掌握肥水的促控原则，坐荚前轻施肥，坐荚后重施肥，不偏施氮肥，增施磷、钾肥和微肥，并进行根外叶面喷肥。浇水不能过多或过少，雨后及时排水降渍等。

⑤合理密植和尽早搭架 及时整枝打杈、去除老叶和防治病虫害，使植株间保持良好的通风透光条件，以提高光合效能。

六、病虫害防治与豆类蔬菜商品性

110. 如何诊断豆类蔬菜病害?

豆类蔬菜病害的诊断在防治上十分重要,只有经过诊断后才能决定是否需要防治和应该采取什么样的防治措施,并且为进一步了解发病的规律和设计防治方案提供依据。首先,应弄清豆类蔬菜病害的种类。豆类蔬菜病害和其他植物病害一样,分病原生物侵染病害和非生物侵染病害。病原侵染病害是由真菌、细菌、病毒、类病毒和线虫病原物引起的,因此又分为真菌性病害、细菌性病害、病毒性病害和由线虫引起的病害。非生物侵染病害主要是由于环境条件的不适或缺少营养元素引起的,也叫生理性病害。由病原物引发的病害,一般先有中心病株,然后逐渐蔓延。生理性病害为几十棵或大面积发生,表现同一种症状。这是区分生理病害和其他病害的主要依据。

真菌所致病害几乎包括了所有病害症状类型,真菌性病害的主要标志是在寄主受害部位表面或迟或早出现病症,如粉状物、霉状物、瘤状物、毛状物、颗粒状物、白色絮状物等真菌的子实体或营养体结构,一般根据子实体形状特征可以直接鉴定出病菌的种类。细菌引发的病害主要症状表现为坏死、腐烂、萎蔫与畸形,有的在病部有脓状物。而病毒性病害的症状各异,往往全株表现,主要表现为叶片黄化,叶、茎、根、果实处形成环斑、圆斑、条斑等,还有的出现卷叶、缩叶、矮化、束顶等畸形。若发现了新病害、疑难病害,或多种病原复合侵染,诱生复杂症状时,单凭症状难以识别病害,则需采集标本,请专家进行病原生物鉴定。

所以，诊断豆类蔬菜病害，首先看是不是生理性病害，其次考虑是真菌、细菌、还是病毒性病害，然后再考虑具体是哪种病害。判断准确，才能对症下药，达到较好的防治效果。

111. 豆类蔬菜苗期病害有哪些？各有什么样的发病特征？

豆类蔬菜苗期常见的病害有立枯病、猝倒病、沤根 3 种。其发病特征分别如下。

(1)立枯病 主要发生在育苗中后期。发病早期，病苗白天萎蔫，夜间恢复正常，最后整株枯死。被害部位不产生白色絮状菌丝。发病适温为 20℃～24℃。

(2)猝倒病 幼苗出土后真叶尚未展开前，受害的幼茎基部变细发黑，地上部分失去支持能力，迅速倒伏，病苗叶片仍为绿色。潮湿时，病斑产生白色絮状菌丝。发病适温为 15℃～19℃。

(3)沤根 幼苗根部不发新根，幼根为铁锈色。然后腐烂，地上部分萎蔫，易拔起。

112. 豆类蔬菜苗期病害发生规律是什么？如何防治？

豆类蔬菜苗期病害的病菌主要来源于土壤中的病残体。低温高湿、光照不足是诱发苗期病害的重要因素。种子带菌，土壤消毒不彻底，也增加了发病的可能性。猝倒病病菌在土壤中可长期存活，立枯病病菌可存活 2～3 年，两者均可通过雨水、流水、农具转移，还可通过带菌的堆肥传播。沤根是一种生理性病害，主要因低温高湿、光照不足引起。

防治豆类蔬菜苗期病害可采取下列方法。

(1)选好苗床，做好苗床消毒 苗床应选择地势高燥、背风向阳、不易积水、1～2 年没种过豆科作物、土质疏松肥沃的地方，床内用无病土或进行土壤消毒。消毒在播前 2～3 周进行，每平方米用 30 毫升甲醛，加水 2～4 升，喷浇在床土上，用塑料薄膜盖4～5天，除去覆盖物，耙松放气，2 周后进行播种。

(2)改善通风条件 苗床在幼苗不受冻的前提下，多通风换气，降低苗床湿度。苗齐后逐渐开大通风口，直到撤下薄膜，定植前 1 周左右昼夜不盖，以加强秧苗锻炼。

(3)药剂防治 有药土护苗和苗期喷药两种方法。

①药土护苗 一是用 50%多菌灵可湿性粉剂 10 克，加 50%福美双可湿性粉剂 6～8 克，拌细土 20 千克；二是用 90%三乙膦酸铝可湿性粉剂 20～25 克，拌细土 20 千克；三是用 70%甲基硫菌灵可湿性粉剂 10～15 克，拌细土 20 千克。

②苗期喷药 发病初期可喷 70%噁霉灵可湿性粉剂 3 000 倍液，或 64%噁霜·锰锌可湿性粉剂 400～500 倍液，或 25%甲霜灵可湿性粉剂 800～1 000 倍液，或 75%百菌清可湿性粉剂 1 000 倍液，或 50%多菌灵可湿性粉剂 600 倍液。交替使用，连用 2～3 次，防治效果很好。

113. 芸豆主要病害有哪些？如何防治？

(1)芸豆锈病

①发病症状 主要危害叶片，严重时茎蔓、叶柄及豆荚均可发病。发病初期叶片上产生黄绿色或灰白色小斑点，随后凸起，变成黄褐色小包。病斑扩大后，表皮破裂，散出红色粉末(夏孢子)。发病后期夏孢子转变成黑色的冬孢子堆。发病叶片会变形早落。叶片正面和豆荚上产生的黄色小斑点为性孢子器，小点四周会产生橙红色斑点。

②防治方法

第一，农业防治。实行倒茬轮作，重病田可与瓜类、茄类、十字花科蔬菜实行 2 年轮作，这样有利于减少病原菌的积累；种植抗病的品种，如双来2号、新秀1号、新秀2号、九粒白、春丰4号等；重施经过充分腐熟的有机肥，并增施磷、钾肥，以提高植株的抗病性。种植疏密要得当，及时打去底部老叶，这样有利于通风透光，降低湿度。保护地栽培要加强通风，防止叶面结露。收获后及时清除田间病残体并集中深埋或烧毁。

第二，药剂防治。发病前或发病初期喷药，可用抗霉菌素120水剂600～800倍液，隔5天喷1次，共喷3～4次。常用农药有15%三唑酮可湿性粉剂1 000～1 500倍液，或50%萎锈灵乳油800倍液，或25%丙环唑乳油3 000倍液，或25%丙环唑乳油4 000倍液加15%三唑酮可湿性粉剂2 000倍液，或70%代森锰锌可湿性粉剂1 000倍液加15%三唑酮可湿性粉剂2 000倍液，或30%固体石硫合剂150倍液，或12.5%烯唑醇可湿性粉剂4 000～5 000倍液。每隔15天左右喷施1次，连续防治2次。

(2)芸豆炭疽病　主要发生在潮湿冷凉的地区，危害芸豆和其他豆科蔬菜。

①*发病症状*　幼苗期即开始发病，全生育期都发生。危害叶片、茎蔓及豆荚。子叶受害后出现红褐色近圆形病斑。叶片发病从叶背开始，发病初期叶脉初呈红褐色，之后渐变为黑褐色，并扩展为多角形网状斑。叶柄发病呈褐锈色细条形斑，全叶萎蔫。茎部发病形成条状锈色斑，凹陷并龟裂，常使幼苗茎折断。豆荚发病时产生褐色小点，渐扩大为长圆形病斑，中心凹陷、黑褐色，边缘为粉红色，数个病斑能融合为大病斑。潮湿时病斑常产生粉红色黏稠物。种子上的病斑为黑褐色、红褐色或黄褐色，形状不规则，大小不确定，种子容易腐烂。

②*防治方法*

第一，种子处理。用种子量0.4%的50%多菌灵或福美双可湿性粉剂拌种；或用40%甲醛200倍液浸种30分钟，清水洗净后，晾干播种；或用40%多·硫悬浮剂，或60%防霉宝超微粉600

倍液浸种30分钟，洗净晾干后播种；或播前用45℃温水烫种10分钟后，洗净晾干再播种。

第二，农业防治。选用抗病品种，与十字花科、百合科、茄科、伞形花科蔬菜实行2～3年的轮作，或与非豆科粮食作物轮作2年；建立无病留种田；深翻土壤，施入的有机肥要充分腐熟，并增施磷、钾肥。清沟沥水，高畦栽培，防止大水漫灌；保护地栽培要加强通风排湿，降低湿度，减轻病害发生；发病后要及时摘除病叶、病荚。

第三，药剂防治。棚室栽培时对旧架材要用50%代森铵水剂800倍液进行消毒；发病初期喷施5%百菌清粉剂，或0.5%甲霜灵粉剂，或8%克炭灵粉剂，每667平方米喷1千克，于傍晚喷施。露地栽培时在花期或发病初开始喷药，首选可用抗霉菌素120水剂200倍液，隔5天喷1次，共喷3～4次。药剂还有75%百菌清可湿性粉剂600倍液，或70%甲基硫菌灵可湿性粉剂500倍液，或65%代森锌可湿性粉剂500倍液，或30%绿叶丹可湿性粉剂800倍液，或80%炭疽福美可湿性粉剂800倍液，或70%甲基硫菌灵可湿性粉剂800倍液加75%百菌清可湿性粉剂800倍液，每隔7～10天喷施1次，连续防治2～3次。

(3)芸豆根腐病

①*发病症状*　主要侵染根部或茎基部。多在出苗7天后开始发病，3～4周进入发病高峰。植株表现为下部叶片变黄，病部产生褐色或黑色斑点，多由支根蔓延至主根，使整个根系腐烂或坏死，病株易拔出。纵剖病根，维管束呈红褐色，病情扩展后向茎部延伸，主根全部发病后，地上部茎叶萎蔫或枯死。湿度大时，病部产生粉红色霉状物。

②*防治方法*

第一，农业防治。与白菜或葱蒜类蔬菜实行2年以上轮作；整平土地，防止积水，雨后及时排水。

第二，药剂防治。发病前或发病初期喷药，常用农药有70%甲基硫菌灵可湿性粉剂500倍液，或40%多·硫悬浮剂800倍液，或77%氢氧化铜可湿性微粒剂500倍液，或14%络氨铜水剂300倍液，或50%多菌灵可湿性粉剂1 000倍液加70%代森锰锌可湿性粉剂1 000倍液混合喷洒。每隔10天左右喷施1次，连续防治2～3次。

(4)芸豆枯萎病 芸豆枯萎病俗称萎蔫病、死秧。一般发病率在30%～50%，个别重病田病株率高达90%以上。

①*发病症状* 多在初花期开始发病，结荚盛期植株大量枯死。发病初期先在下部叶片的叶尖、叶缘出现不规则形褪绿斑块，似开水烫伤状，无光泽，后全叶失绿萎蔫，变成黄色至黄褐色，并由下叶向上叶发展，3～5天后整株凋萎，叶片变黄脱落。有时仅少数分枝枯萎，其余分枝仍正常。病株根系不发达，变色腐烂，容易拔起。根颈处有纵向裂纹。剖视主茎、分枝或叶柄，可见维管束变成褐色至暗褐色，有的荚果腹背合线也呈现黄褐色。严重时，植株成片枯死。潮湿时茎基部常产生粉红色霉状物。

②*防治方法*

第一，种子处理。用60%防霉宝可湿性粉剂600倍液，加0.01%平平加浸种1小时，捞出种子用清水反复冲洗后催芽播种，可以杀死种子内外的病原菌。也可以在播种前，用50%多菌灵可湿性粉剂按种子重量的0.5%拌种，或用36%多·硫悬浮剂50倍液浸种3～4小时，或用40%甲醛300倍液浸种4小时，浸后用清水洗净再播种。

第二，农业防治。种植抗病品种，重病田应与非豆科作物轮作3～5年及以上，或与水稻轮作1年以上；从无病地或无病株上采种；施足腐熟的有机肥，并增施磷、钾肥；低洼地可采取高畦或半高畦地膜覆盖栽培，适当控制浇水，避免大水漫灌，雨后及时排水，防止田间积水；及时清除病株，可减少病原菌在田间传播。

第三，药剂防治。带药播种，方法是每667平方米用50%多菌灵可湿性粉剂2千克，或60%防霉宝可湿性粉剂2千克，或50%苯菌灵可湿性粉剂1千克，加上细土50～100千克拌匀后，均匀地施在播种沟内，再盖上一层细土，然后播种。田间发现病株后，立即灌药防治，方法是用50%多菌灵可湿性粉剂500倍液，或60%防霉宝可湿性粉剂600倍液，或50%苯菌灵可湿性粉剂1 000倍液，或12.5%增效多菌灵可湿性粉剂200～300倍液，或12.5%治萎灵水剂100～300倍液，进行灌根防治，每株灌药液250毫升，每隔7～10天防治1次。

(5)芸豆细菌性疫病 芸豆细菌性疫病又称芸豆叶烧病、火烧病。发生普遍，危害较重，有时可造成严重减产。除芸豆外，还危害豇豆、扁豆和绿豆等。

①*发病症状* 植株上部均可发病。病苗出土后子叶呈红褐色溃疡状，在着生小叶的节上及第二片叶柄基部产生水浸状斑，扩大后为红褐色，病斑绕茎扩展，幼苗即折断干枯。病叶多从叶尖或叶缘开始，初呈暗绿色油渍状小斑点，后扩大为不规则形，病部干枯变褐，半透明，周围有黄色晕圈。病部常溢出淡黄色菌脓，干后呈白色或黄白色菌膜。重者叶上病斑很多，常引起全叶枯凋，但暂不脱落，经风吹雨打后，病叶碎裂。在高温高湿环境下，部分病叶迅速萎凋变黑。茎蔓受害，茎上病斑呈红褐色溃疡状条斑，中央稍凹陷，当病斑围绕茎蔓1周时，其上部茎叶萎蔫枯死。豆荚上的病斑呈圆形或不规则形，红褐色，渐变为褐色，病斑中央稍凹陷，常有淡黄色菌脓，病重时全荚皱缩。种子发病时表面上出现黄色或黑色凹陷小斑点，种脐部常有淡黄色菌脓溢出。

②*防治方法*

第一，种子处理。播种前种子用45℃恒温水浸种10分钟。也可以用种子重量0.3%的50%福美双，或95%敌磺钠原粉拌种。还可以用硫酸链霉素500倍液浸种24小时。

第二，农业防治。与非豆科蔬菜实行2～3年的轮作，用无病田留种；及时除草，合理施肥和浇水；选用抗病品种，一般蔓生种较矮生种抗病；高畦栽植；拉秧后应清除病残体，集中深埋或烧毁。

第三，药剂防治。发病前或发病初期喷药，常用农药有14%络氨铜水剂300倍液，或77%氢氧化铜可湿性微粒剂500倍液，或50%琥胶肥酸铜可湿性粉剂500倍液，或72%硫酸链霉素可溶性粉剂3 000～4 000倍液，或90%新植霉素可溶性粉剂4 000倍液。每隔7～10天喷施1次，连续防治2～3次。

(6)芸豆花叶病

①*发病症状*　发病叶片出现明脉、斑驳或绿色部分凹凸不平、叶片皱缩，有些品种叶片扭曲畸形，植株矮缩，开花迟缓或落花。豆荚症状不明显，表现在豆荚略短，有时出现绿色斑点。引起芸豆花叶病的病毒种类很多，有时会发生混合侵染，产生不同症状。

②*防治方法*

第一，农业防治。选用抗病品种，如芸丰1号、秋抗6号、早熟14号等；加强田间管理，清除田间和周边地杂草，以减少毒源；合理施肥和浇排水。

第二，药剂防治。发病前或发病初期喷药，常用农药有5%菌毒清可湿性粉剂500倍液，或0.5%抗毒剂1号水剂300倍液，或20%盐酸吗啉胍·铜可湿性粉剂500倍液，或20%病毒宁可溶性粉剂500倍液。采收前4天停止用药。此外，要防治传毒蚜虫，常用农药有50%马拉硫磷乳油1 000倍液，或50%抗蚜威可湿性粉剂2 000～3 000倍液。

(7)芸豆菌核病

①*发病症状*　主要危害茎、叶和豆荚。多始于近地面茎基部或第一分枝处，发病部位初呈水渍状，后渐变成灰白色，皮层组织发干崩裂，呈纤维状。叶片发病初期呈水浸状，逐渐生长白色毛状物，湿度大时在茎的病组织中腔中生鼠粪状黑色菌核，病部白色菌

丝生长旺盛时也长黑色菌核。主要发生在保护地或南方露地栽培的芸豆上。荚果染病，表面亦长满白色菌丝体，后纠结形成菌核，致荚果腐烂，不能食用。

②防治方法

第一，农业防治。播种或移栽前、收获后，清除田间及四周杂草，集中烧毁或沤肥；深翻地灭茬、晒土，促使病残体分解，减少病原和虫源；育苗的营养土要选用无菌土，用前暴晒 3 周以上；有条件的地方可与禾本科作物轮作，最好水旱轮作；选用无病、包衣的种子，如未包衣则种子须用拌种剂或浸种剂灭菌，用 40%甲醛 200 倍液浸 30 分钟，然后冲净晾干播种。也可用种子重量 0.3%的 50%福美双粉剂、或 0.2%的 50%多菌灵可湿性粉剂拌种。当种子中混有菌核及病残体时，在播种前用 10%盐水浸种，洗去菌核和病残体后，再用清水冲洗播种；收获后深耕，把菌核埋在距土表 3 厘米以下的土层中，能遏制菌核的萌发；勤松土、除草，摘除老叶及病残体；避免偏施氮肥，增施磷、钾肥；棚室栽培要控制好温度，通过控湿、保温、通风等生态防治措施，能达到较好的防病目的。

第二，物理防治。播种前种子用 50℃温水浸泡 5 分钟，可杀死菌核。

第三，药剂防治。对旧架杆，应在插架前用 75%百菌清可湿性粉剂 700 倍液喷淋灭菌。育苗床如用旧床土，播前应进行土壤处理，即在播种前 3 周，每平方米用 40%甲醛 25～30 毫升加水 2～4 升处理土壤，用塑料膜盖 4～5 天，晾 2 周后再播。成株期在花后开始喷药，常用农药有 50%乙烯菌核利可湿性粉剂 1 000 倍液，或 50%异菌脲可湿性粉剂 1 000～1 500 倍液，或 50%腐霉利可湿性粉剂 1 500～2 000 倍液，或 40%菌核净可湿性粉剂800～1 000 倍液，或 50%混杀硫悬浮剂 500 倍液，或 50%多霉灵（多菌灵加乙霉威）可湿性粉剂 1 500 倍液，或 65%甲霉灵可湿性粉剂 1 000 倍液。每隔 10～15 天喷施 1 次，连续防治 3～4 次，前密后疏。重点喷淋花器和老叶。采收前3天停止用药。

本病在豆荚贮运期可通过接触传染继续发生，造成豆荚腐烂。贮运前宜挑出可疑豆荚，贮运中注意通风降湿。

(8)芸豆灰霉病

①*发病症状* 该病主要危害茎蔓、叶片、花和豆荚。苗期叶片呈水渍状下垂，之后叶片边缘产生白色霉层。保护地栽培根茎处产生云纹斑，病斑边缘深褐色，中间淡棕色至浅黄色，湿度大时，上生有灰色毛霉层。有的病原菌从茎蔓分枝处侵入，使分枝呈水渍状凹陷，甚至萎蔫。豆荚发病时先侵染败落的花，后扩展到豆荚，病斑初淡褐色至褐色后软腐，表面生灰霉。

②*防治方法* 由于此病侵染快且潜育期长，又易产生抗药性，目前主要推行生态防治、农业防治与化学防治相结合的综合防治措施。

第一，生态防治。棚室围绕降低湿度，采取提高棚室夜间温度，增加白天通风时间，从而降低棚内湿度和结露持续时间，达到控病的目的。保护地栽培早晨要先放风，降低湿度，然后闭棚增温，下午放风降低湿度，把空气相对湿度控制在75%以下，防止夜晚叶片结露。

第二，农业防治。与十字花科、百合科蔬菜或大田作物实行2～3年轮作；用无病原菌的新苗床或大田育苗，培育无病壮苗用于生产；在晴天早上浇水，浇后立即闭棚，使温度升至30℃～35℃，再通风降湿；施入的有机肥要充分腐熟，并注意增施有机肥，合理施肥；及时摘除病叶、病果，为避免摘除时传播病菌，用塑料小袋套上再摘，连袋集中销毁。

第三，药剂防治。发病前或发病初期可喷施生物农药2%武夷霉素水剂200倍液，隔4～5天喷施1次，共防治3～4次。保护地栽培时，在发病初期用3.3%噻菌灵烟剂，每667平方米用量250克，傍晚进行密闭烟熏，隔7天熏1次，共熏3～4次；或用

10%腐霉利烟剂，每667平方米每次用250克，于傍晚分4～5个点点燃熏治；还可采取粉尘防治法，于发病初期选用6.5%甲霉灵粉剂、或5%灭霉灵粉剂、或5%利得粉剂，每平方米每次用1千克，于早晚喷药防治。露地栽培，可在发病初期喷药防治，药剂可选用50%腐霉利可湿性粉剂、或50%异菌脲可湿性粉剂、或50%乙烯菌核利可湿性粉剂1 000～1 500倍液，或50%异菌脲可湿性粉剂1 000倍液加90%三乙膦酸铝可湿性粉剂800倍液，或45%噻菌灵悬浮剂4 000倍液，或50%混杀硫悬浮剂600倍液，或65%甲霉灵可湿性粉剂，或50%多霉灵可湿性粉剂900倍液。每隔7天喷1次，共喷治3～4次。

114. 豇豆主要病害有哪些？如何防治？

(1)豇豆斑枯病

①发病症状　主要危害叶片。叶片上的病斑呈多角形至不规则形，直径2～5毫米不等，初呈暗绿色，后渐转成紫红色，中部褪色为灰白色至白色，数个病斑融合为斑块，致叶片早枯。后期病斑正、背面可见针尖状小黑点即分生孢子器。

②防治方法

第一，农业防治。及时摘除发病的叶片，并集中深埋或烧毁。

第二，药剂防治。发病前或发病初期喷药，常用农药有75%百菌清可湿性粉剂1 000倍液加70%甲基硫菌灵可湿性粉剂1 000倍液、75%百菌清可湿性粉剂1 000倍液加70%代森锰锌可湿性粉剂1 000倍液、或40%多·硫悬浮剂500倍液、或50%复方硫菌灵可湿性粉剂800倍液。每隔10天左右喷1次，连续防治2～3次，注意喷匀喷足。

(2)豇豆轮纹病

①发病症状　以危害叶片为主，也危害茎及荚果。叶片受害初生呈深紫色的小斑点，后扩大为直径4～8毫米近圆形褐色病

斑，病斑上有明显的褐色同心轮纹，潮湿时有稀疏暗色霉状物。茎蔓受害，初生呈浓褐色不整形的条斑，后绕茎扩展，引起上端枯死。果荚上常形成赤褐色至紫褐色有轮纹的病斑。

②*防治方法*

第一，农业防治。选用无病种子，从无病地采种；棚室内土壤要深翻20～30厘米，增施钾肥，合理密植，加强通风降湿，防止水滴反溅和叶面结露；雨后及时排除积水；有条件时实行轮作；施用的堆肥要充分腐熟；收获后及时清洁田园，将病残物集中深埋或烧毁等。

第二，种子消毒。可用45℃温水浸种15分钟，捞出后用凉水冷却。也可用50%福美双可湿性粉剂拌种（0.5千克种子用药1.5克拌种），或50%多菌灵可湿性粉剂1000倍液浸种30分钟。

第三，药剂防治。发病初期及时施药。可选用77%氢氧化铜可湿性微粒剂500倍液，或40%多·硫悬浮剂500倍液，或50%琥胶肥酸铜可湿性粉剂600倍液，或70%甲基硫菌灵可湿性粉剂1 000倍液加75%百菌清可湿性粉剂1 000倍液，或用1∶1∶200倍波尔多液等喷雾。每隔7～10天喷施1次，连续防治2～3次。

(3)豇豆疫病

①*发病症状*　茎蔓、叶片、豆荚均可染病。茎蔓上的病斑多发生在节部或节附近，尤其是近地面处居多。发病初期病部呈水浸状无固定形状暗色病斑，后逐渐绕茎扩展，引起茎蔓呈暗褐色缢缩，病部以上的茎叶萎蔫枯死，湿度大时，皮层腐烂，表面产生白霉。发病的叶片先出现褪绿水浸状斑点，周缘不明显，扩大后呈近圆形或不规则淡褐色斑，表面亦生白霉。豆荚发病后出现褐色斑，斑处深入荚肉或染及种子，后多腐烂。

②*防治方法*

第一，农业防治。与其他非豆科作物实行2～3年轮作换茬；施用的有机肥要经过充分发酵腐熟；采用垄作或高畦深沟种植；合理密植，改善行间通风透光条件；适当控制浇水，加强棚室内通风排湿，尤其是遇到连阴雪雨天气时也要坚持通风排湿，以防止室内湿度过大；开花结荚期结合追肥，撩起地膜边，对大行间中耕松土，降低表土湿度。

第二，药剂防治。育苗播种时撒施药土，按1平方米用58%甲霜灵·锰锌可湿性粉剂10克、或50%甲霜铜可湿性粉剂8克，拌干细土8～10千克，播种前撒铺上1/3，播种后再撒盖2/3。定植后于发病初期开始交替喷洒下列药剂：40%三乙膦酸铝可湿性粉剂200倍液，或70%乙-锰可湿性粉剂500倍液，或58%甲霜灵·锰锌可湿性粉剂500倍液，或64%噁霜灵可湿性粉剂500倍液，或50%甲霜铜可湿性粉剂800倍液，或72.2%霜霉威水剂600倍液，或72%霜霸可湿性粉剂700倍液，或69%安克·锰锌可湿性粉剂1 000倍液。每隔10天左右喷施1次，连续防治3～4次。

(4)豇豆叶霉病 豇豆叶霉病又称豇豆煤霉病。各地均有发生，发病严重时叶片干枯、早落，常造成较大的损失。这种病只侵染豇豆。

①*发病症状* 发病初期在叶片的两面产生赤色或紫褐色的斑点，后逐渐扩大为直径1～2厘米的多角形至近圆形深褐色病斑，且病健部界限不明显。潮湿时，叶片背面病部生出灰黑色霉菌，即病菌的分生孢子和分生孢子梗。茎蔓和荚果染病，其病斑与叶片正面的病斑相似，也产生灰黑色霉层。发病严重时，致植株早期落叶，仅残留顶部嫩叶，花荚脱落严重，结荚很少，已坐住的荚不能正常生长，而且病部生有霉层不堪食用，造成严重减产和降低品质。

②*防治方法*

第一，农业防治。选用抗病品种，合理密植，及时引架和整蔓，改善田间通风透光条件；注意通风排湿，防止湿度过大，多雨季节，加强田间排水工作；施充分腐熟的有机肥，增施磷、钾肥，提高植株抗病力；发病初期及时摘除病叶，收获后及时清除田间病残体，集中深埋或烧毁。

第二，药剂防治。发病前或发病初期喷药，常用农药有70%甲基硫菌灵可湿性粉剂800倍液，或50%腐霉利可湿性粉剂800倍液，或80%代森锰锌可湿性粉剂800倍液，或40%多·硫悬浮剂800倍液，或50%混杀硫悬浮剂500倍液，或77%氢氧化铜可湿性粉剂500倍液，或65%甲霉灵可湿性粉剂，或50%多霉灵可湿性粉剂1 000倍液。每隔6～8天喷施1次，连续防治2～3次。

(5)豇豆枯萎病 豇豆枯萎病在我国各地均有发生，尤其在南方地区发生普遍，发病植株最终枯死。

①发病症状 早春季节豇豆苗发病后，由于气温较低，一般不表现出症状。开花结荚期气温升高、雨水增多，发病率开始升高，并表现出明显的发病症状。秋豇豆枯萎病则多发生在苗期。植株发病时，首先从下部叶片开始，叶片边缘，尤其是叶片尖端出现不规则水渍状病斑，继而叶片变黄枯死，并逐渐向上部叶片发展，最后整株萎蔫死亡。病株根颈处皮层常开裂，其维管束组织变褐。剖视病株茎基和根部，维管束组织变褐，严重的外部变黑色或褐色，根部腐烂。湿度大时病部表面有粉红色霉层。

②防治方法

第一，农业防治。种植抗病品种；发病地与禾本科作物进行3年以上的轮作最好；选择高燥地块，采用高畦深沟栽植，在酸性黏壤土中增施石灰，如在苗期每667平方米沟施100千克石灰，能减轻枯萎病的发生。

第二，药剂防治。田间开始出现病株时，用25%多菌灵可湿性粉剂500～1 000倍液灌根，每株灌50～150毫升药液，隔7天左右灌1次。也可以将25%多菌灵可湿性粉剂80克拌干土20千克，沟施于播种行中。还可以喷药防治，常用农药有30%绿叶丹可湿性粉剂800倍液，或50%多·硫悬浮剂500～600倍液，或

50%甲基硫菌灵可湿性粉剂500倍液，或60%琥·乙膦铝可湿性粉剂500倍液，或47%春雷氧化铜可湿性粉剂500倍液。

(6)豇豆锈病 锈病是危害豆类蔬菜的重要病害。除危害豇豆外，还危害菜豆、蚕豆、豌豆等蔬菜。危害叶片和茎。发生严重时，可使豆类作物成片枯萎，是豇豆的毁灭性病害。

①发病症状 该病主要发生在叶片上，严重时也危害叶柄和豆荚。开始发病时，在叶片散生或聚生苍白色小凸起，以叶背面更明显，后变成黄褐色，隆起时呈小脓疱状，扩大后病斑上表皮破裂，散出红褐色粉末。后期叶片上，特别是叶柄和茎上长出暗褐色椭圆形凸起的较大病斑。表皮破裂后，露出黑色粉质粒点。

②防治方法

第一，农业防治。实行轮作倒茬，雨季搞好菜田清沟排水，防止低洼地积水；选择抗病品种，如奥夏2号、桂林长豆角、红嘴金山、大青叶和铁线青豆角等；合理密植，保证通风良好，及时搭好支架，搞好菜园清洁工作，收获后将病叶清除干净并集中烧毁。

第二，药剂防治。发病前或发病初期喷药，常用农药有15%三唑酮可湿性粉剂1 000～1 500倍液，或75%百菌清可湿性粉剂600倍液，或40%氟硅唑乳油8 000倍液，或50%萎锈灵乳油800倍液，或50%硫磺悬浮剂200倍液，或30%固体石硫合剂150倍液，或25%丙环唑乳油4000倍液加15%三唑酮可湿性粉剂2 000倍液。每隔10～15天喷施1次，连续防治2～3次。

(7)豇豆炭疽病

①发病症状 发病时在茎上产生梭形或长条形病斑。发病初期病斑为紫红色，后颜色变淡，稍凹陷以致龟裂，病斑上密生大量黑点。雨季发病较多，病部往往因腐生菌的生长而变黑，加速茎组织崩解。轻者生长停滞，重者植株死亡。

②防治方法

第一，种子处理。用种子重量0.4%的50%多菌灵或福美双可湿性粉剂拌种，或用40%多·硫悬浮剂或60%防霉宝超微粉600倍液浸种30分钟，洗净晾干播种。

第二，农业防治。选用抗病品种，注意从无病荚上采种，实行2年以上轮作。

第三，药剂防治。使用旧架材时要用50%代森铵水剂800倍液消毒。发病初开始喷药，常用农药有75%百菌清可湿性粉剂600倍液，或70%甲基硫菌灵可湿性粉剂500倍液，或80%炭疽福美可湿性粉剂800倍液，或70%甲基硫菌灵可湿性粉剂800倍液加75%百菌清可湿性粉剂800倍液。每隔7～10天喷施1次，连续防治2～3次。

(8)豇豆细菌性疫病

①发病症状　主要危害叶片，茎、荚和种子均会发病。叶片发病时先出现水浸状小圆点，而后病斑发展成不规则形，褐色至红褐色病斑，病斑周围有黄色晕圈，一般直径不超过5毫米，几个病斑可融成大斑，发病重时病叶变黄早落或穿孔。茎部发病病斑为红褐色、长条形凹陷；荚发病初期出现水渍状小点，直径为1～2毫米，略凹陷，后变成红褐色，有菌液溢出，荚内种子发病变褐或腐烂。该病叶片也可无斑点而表现萎蔫，茎秆上产生溃疡或大裂缝。

②防治方法

第一，种子处理。用种子重量0.3%的95%敌磺钠原粉或50%福美双可湿性粉剂拌种，或用硫酸链霉素500倍液，浸种24小时。

第二，农业防治。实行3年以上轮作；施用充分腐熟的堆肥；选留无病种子；播种前种子用45℃恒温水浸种15分钟，捞出后移入冷水中冷却；加强栽培管理，避免田间湿度过大，减少田间结露的条件。

第三，药剂防治。发病前或发病初期喷药，常用农药有14%络氨铜水剂300倍液，或77%氢氧化铜可湿性微粒剂500倍液，或47%春雷氧化铜可湿性粉剂800倍液，或30%碱式硫酸铜悬浮剂400倍液，或50%琥胶肥酸铜可湿性粉剂500倍液，或72%硫酸链霉素可溶性粉剂3 000～4 000倍液，或90%新植霉素可溶性粉剂4 000倍液。每隔7～10天喷施1次，连续防治2～3次。采收前3天停止用药。

115. 扁豆主要病害有哪些？如何防治？

(1)扁豆红斑病

①发病症状　叶片上的病斑近圆形或不规则形，有时沿脉发展，病斑大小为2～9毫米，红色至红褐色，背面密生灰色霉层，有时叶面也有。严重时侵染豆荚，在其上形成比较大的红褐色斑，病斑中心黑褐色，后期密生灰黑色霉层。

②防治方法

第一，农业防治。选用无病株留种；播前种子用45℃温水浸10分钟消毒；发病地采收后进行深耕，有条件的实行轮作。

第二，药剂防治。发病前或发病初期喷药，常用农药有65%代森锌可湿性粉剂500倍液，或75%百菌清可湿性粉剂600倍液，或77%氢氧化铜可湿性微粒剂500倍液。每隔7～10天喷施1次，连续防治2～3次。

(2)扁豆炭疽病

①发病症状　苗期发病子叶出现病斑，子叶边缘出现浅褐色至红褐色的凹陷斑，湿度大时病斑上长出粉红色黏稠物。叶片发病初期出现黑褐色小点，而后病斑沿脉扩展成多角形小条状病斑，赤褐色至黑色；叶柄和茎蔓上发病时出现略凹陷的褐色至红褐色病斑，直径为0.5～1厘米，中央黑褐色至黑色，边缘浅褐色或褐红色。扁豆成熟后，病斑颜色渐浅，边缘稍隆起，中央凹陷；种子上的病斑形状不定，黄褐色至暗褐色。

②防治方法

第一,种子处理。播种前种子用40%甲醛200倍液浸30分钟,然后冲净晾干播种;也可用种子重量0.3%的50%福美双可湿性粉剂拌种,或在播种前用45℃温水浸种10分钟。

第二,农业防治。选用抗病品种,选留无病种子;收获后及时清除病残体;施用充分腐熟的堆肥;重病田实行2～3年轮作;间苗时注意剔除病苗,加强肥水管理。

第三,药剂防治。旧竹竿应在搭架前用50%代森铵水剂1 000倍液喷淋灭菌。发病前或发病初期喷药,常用农药有80%炭疽福美可湿性粉剂900倍液,或50%苯菌灵可湿性粉剂1 500倍液,或50%多菌灵可湿性粉剂600倍液,或80%代森锰锌可湿性粉剂500倍液,或30%碱式硫酸铜悬浮剂400倍液,或1∶1∶240倍波尔多液。每隔7～10天喷施1次,连续防治2～3次。采收前3天停止用药。

(3)扁豆锈病

①发病症状　主要危害叶片、叶柄、茎及荚,叶片染病初生黄白色至黄褐色小斑点,略凸起,后逐渐扩大,出现黄褐色夏孢子堆,突破表皮散出褐红色粉状物,即夏孢子。深秋,从病斑上长出黑色的冬孢子堆,表皮破裂散出黑褐色的冬孢子。严重的致叶片干枯早落,影响产量。

②防治方法

第一,农业防治。春播宜早,必要时可采用育苗移栽避病;清洁田园,加强管理,适当密植。

第二,药剂防治。发病初期喷药,常用药剂有15%三唑酮可湿性粉剂1 000～1 500倍液,或50%萎锈灵乳油800倍液,或50%硫磺悬浮剂300倍液,或25%丙环唑乳油3 000倍液,或12.5%烯唑醇可湿性粉剂2 000～3 000倍液,或10%抑多威乳油3 000倍液,或80%代森锰锌可湿性粉剂500～600倍液,或40%

氟硅唑乳油 9 000 倍液，每隔 15 天喷施 1 次，防治 1～2 次。

(4)扁豆细菌性疫病

①发病症状　主要危害叶片、茎、荚。叶片发病时多在叶缘或叶尖出现病斑，病斑黄褐色至褐色，形状不规则，四周有黄色晕圈，病部组织变薄；发病重时病斑融合，变为黑褐色枯死。茎蔓发病先出现溃疡状红褐色条斑，略凹陷，绕茎 1 周后病部以上茎叶枯死。豆荚发病时病斑为褐色，呈圆形或不规则形。

②防治方法

第一，农业防治。实行 3 年以上轮作；选留无病种子；播种前种子用 45℃恒温水浸种 15 分钟，捞出后移入冷水中冷却；加强栽培管理，避免田间湿度过大，减少田间结露的条件。

第二，药剂防治。用种子重量 0.3％的 95％敌磺钠原粉或 50％福美双可湿性粉剂拌种，或用硫酸链霉素可溶性粉剂 500 倍液浸种 24 小时。发病前或发病初期喷药，常用农药有 14％络氨铜水剂 300 倍液，或 77％氢氧化铜可湿性微粒剂 500 倍液，或 47％春雷氧化铜可湿性粉剂 800 倍液，或 30％碱式硫酸铜悬浮剂 400 倍液，或 50％琥胶肥酸铜可湿性粉剂 500 倍液，或 72％硫酸链霉素可溶性粉剂 3 000～4 000 倍液，或 90％新植霉素可湿性粉剂 4 000 倍液。每隔 7～10 天喷施 1 次，连续防治 2～3 次。采收前 3 天停止用药。

116. 豌豆(荷兰豆)主要病害有哪些？如何防治？

(1)豌豆褐斑病

①发病症状　主要危害叶片、茎蔓和豆荚。叶片发病时产生淡褐色至黑褐色的圆形病斑，病斑边缘明显，病斑上有针尖大小的小黑点。茎蔓发病时病斑为褐色至黑褐色，纺锤形或椭圆形，病斑稍凹陷。病斑向内扩展到种子上，引起种子带菌，种子上的病斑不明显，湿度大时呈污黄色或灰褐色。

②防治方法

第一，农业防治。重病田与非豆科作物实行2～3年轮作；选留无病种子；将种子在冷水中预浸4～5小时后，置入50℃温水中浸5分钟，移入冷水中冷却、晾干播种。选择高燥地块，合理密植，配方施肥，提高抗病力。收获后及时清洁田园，进行深翻，减少越冬菌源。

第二，药剂防治。发病前或发病初期喷药，常用农药有50%苯菌灵可湿性粉剂1 500倍液，或40%多·硫悬浮剂800倍液，或70%甲基硫菌灵可湿性粉剂500倍液，或75%百菌清可湿性粉剂600倍液。每隔7～10天喷施1次，连续防治2～3次。

(2)豌豆霜霉病

①发病症状　主要危害叶片。发病初期叶片上出现褪色斑，病原菌分布在叶背或叶面，白色至淡紫色。嫩梢易发病，叶背面有淡紫色霉层，最后布满全叶，引起叶片枯黄而死。

②防治方法

第一，农业防治。选用抗病品种；从无病地留种；实行2年以上的轮作；清洁田园，将病残体集中深埋或烧毁，及时耕翻土地；按配方施肥，合理密植。

第二，药剂防治。用种子量0.3%的35%甲霜灵拌种剂拌种。发病前或发病初期喷药，常用农药有1∶1∶200倍波尔多液，或90%三乙膦酸铝可湿性粉剂500倍液，或60%琥·乙膦铝可湿性粉剂500倍液，或72%霜脲氰或72%霜脲·锰锌可湿性粉剂800～1 000倍液，或69%安克·锰锌可湿性粉剂或水分散粒剂1 000倍液。每隔10天左右喷施1次，连续防治1～2次。

(3)豌豆黄顶病

①发病症状　病株矮缩，新抽出的顶叶黄化、变小、皱缩卷曲，质脆，叶腋抽出多个不定芽，呈丛枝现象。早期感病植株多不结荚，甚者病株很快枯死。

②防治方法

第一，农业防治。选用抗病品种；早期发现并拔除病株。

第二，药剂防治。及时全面喷药杀蚜虫，常用药剂有20%高氯·马乳油2 000倍液，或50%抗蚜威乳油2 000倍液，或50%抗蚜威可湿性粉剂2 500倍液，或2.5%氯氟氰菊酯乳油3 000～4 000倍液，或5%S-氰戊菊酯乳油3 000倍液。每隔7～10天喷施1次，连喷2～3次。

(4)豌豆病毒病

①发病症状　豌豆病毒病种类很多，通常表现出重花叶、株矮、叶皱及早枯等严重症状。

②防治方法

第一，农业防治。成片集中种植，避病作用明显；适时播种，培育壮苗；与大蒜套栽，避蚜防病作用明显。

第二，药剂防治。发病初期喷药，常用农药有20%盐酸吗啉胍·铜可湿性粉剂500倍液，或1.5%十二烷基硫酸钠乳剂1 000倍液。每隔10天左右喷施1次，连续防治3～4次。采收前5天停止用药。及时防治蚜虫，常用药剂有50%抗蚜威可湿性粉剂2 000倍液，20%氰杀乳油2 000倍液。

117. 菜用大豆(毛豆)主要病害有哪些？如何防治？

(1)菜用大豆褐斑病(大豆褐纹病)

①发病症状　发病多从下部叶片开始，逐渐向上发展。子叶发病时病斑为不规则形，暗褐色，病斑上有很细小的黑点。叶片上的病斑为棕褐色，轮纹上散生小黑点，病斑受叶脉限制呈多角形，直径为1～5毫米，严重时病斑融合成大斑块，引起叶片变黄脱落。茎和叶柄上的病斑为暗褐色短条状，边缘不清晰。病荚上的病斑为不规则形棕褐色斑点。

②防治方法

第一，农业防治。选用抗病品种；实行 3 年以上轮作。

第二，药剂防治。发病初期开始喷药，常用农药有 75％百菌清可湿性粉剂 600 倍液，或 50％琥胶肥酸铜可湿性粉剂 500 倍液，或 14％络氨铜水剂 300 倍液，或 77％氢氧化铜可湿性微粒剂 500 倍液。

(2)菜用大豆黑斑病

①发病症状　主要危害叶片和豆荚。叶片上的病斑呈不规则形，直径为 5～10 毫米，褐色，病斑上有同心轮纹及黑霉。豆荚上的病斑为圆形或不规则形，黑色，病斑上密生黑色霉菌。

②防治方法

第一，农业防治。实行轮作；种植抗病品种。

第二，药剂防治。发病初期喷药，常用农药有 80％喷克可湿性粉剂 600 倍液，或 50％异菌脲可湿性粉剂 1 000 倍液，或 75％百菌清可湿性粉剂 600 倍液，或 58％甲霜灵·锰锌可湿性粉剂 500 倍液，或 64％噁霜灵可湿性粉剂 500 倍液，或 40％大富丹可湿性粉剂 400 倍液。

(3)菜用大豆炭疽病

①发病症状　主要危害茎秆和豆荚，叶片和叶柄也会受到危害。茎秆发病初期出现褐色病斑，病斑上密布着不规则排列的黑色小点。豆荚上的病斑表面有小黑点呈轮纹状排列，使病荚不能正常发育。子叶发病时出现黑褐色病斑，边缘颜色略浅，病斑扩展后常出现开裂或凹陷。病斑可从子叶扩展到幼茎上，使病部以上部分枯死。叶片发病边缘为深褐色，内部为浅褐色。叶柄上的病斑为褐色，不规则形。

②防治方法

第一，种子处理。播种前用种子重量 0.5％的 50％多菌灵可湿性粉剂或 50％异菌脲可湿性粉剂拌种，拌后闷 2 小时。

第二，农业防治。选用抗病品种；用无病种子；收获后及时清除病残体，深翻土地，实行 3 年以上轮作。

第三，药剂防治。开花后喷 25％溴菌腈可湿性粉剂 500 倍液，或 47％春雷铜可湿性粉剂 600 倍液。

(4)菜用大豆锈病

①*发病症状*　主要危害叶片、叶柄和茎。病初叶上产生黄绿色或灰白色小斑点，随后凸起，变成黄褐色小疱。扩大病斑后，表皮破裂，散出红色粉末(夏孢子)。发病后期或寄主接近衰老时，夏孢子堆转变为黑色的冬孢子堆。叶脉上如果产生夏孢子堆或冬孢子堆时，叶片变形早落。也有时在叶片正面及荚上产生黄色小斑点，以后在小斑点四周产生橙红色斑点。

②*防治方法*

第一，农业防治。实行倒茬轮作；合理密植，通风透光，降低湿度；收获后清除田间病残体并集中深埋或烧毁。

第二，药剂防治。发病前或发病初期喷药，常用农药有 75％百菌清可湿性粉剂 600 倍液，或 36％甲基硫菌灵悬浮剂 500 倍液，或 10％抑多威乳油 3000 倍液。每隔 10 天左右喷施 1 次，连续防治 2～3 次。采收前 7 天停止用药。

(5)菜用大豆菌核病

①*发病症状*　大豆的花先染病，导致花腐。幼荚染病，致枯萎下垂。茎或叶柄通过病花、病荚接触而感染。病部初呈不规则水浸状斑，扩大后中部呈黄褐色至棕红色，外缘黑褐色，上生白色絮状物即菌丝体。后期病部表面及髓部菌丝纠结形成菌核，病部皮层腐烂、脱落，常露出木质部，严重时全株枯萎。

②*防治方法*

第一，农业防治。与禾本科作物实行 3 年以上轮作；选用株型紧凑、尖叶或叶片上举、通风透光性能好的耐病品种；及时排水，降低豆田湿度，避免施氮肥过多，收获后清除病残体。

第二，药剂防治。发病初期开始喷洒 40%嘧霉胺悬浮剂 1 200 倍液，或 50%腐霉利可湿性粉剂 1 500 倍液，或 30%大力水悬浮剂 800 倍液，40%多·硫悬浮剂 600～700 倍液，或 70%甲基硫菌灵可湿性粉剂 500～600 倍液，或 50%异菌脲可湿性粉剂 1 000～1 500 倍液，每隔 7～10 天喷施 1 次，连续防治 2～3 次。

118. 蚕豆主要病害有哪些？如何防治？

(1)蚕豆锈病

①发病症状　该病主要危害叶片和茎秆。病初叶上产生黄绿色或灰白色小斑点，随后凸起，变成黄褐色小疱。扩大病斑后，表皮破裂，散出红色粉末(夏孢子)。发病后期或寄主接近衰老时，夏孢子堆转变为黑色的冬孢子堆，或在叶片上长出冬孢子堆。叶脉上如果产生夏孢子堆或冬孢子堆时，叶片变形早落。也有时在叶片正面及荚上产生黄色小斑点，以后在小斑点四周产生橙红色斑点，再后继续形成夏孢子堆和冬孢子堆。

②防治方法

第一，农业防治。实行倒茬轮作；合理密植，通风透光，降低温度；适时播种，防止冬前发病，减少病原基数，生育后期避过锈病盛发期；选用早熟品种，使在锈病大发生前收获或接近成熟；合理密植，开沟排水，及时整枝，降低田间湿度；收获后清除田间病残体，并集中深埋或烧毁。

第二，药剂防治。发病前或发病初期喷药，常用农药有 30%固体石硫合剂 150 倍液，或 15%三唑酮可湿性粉剂 1 000～1 500 倍液，或 50%萎锈灵乳油 800 倍液，或 50%硫磺悬浮剂 200 倍液，或 25%丙环唑乳油 3 000 倍液，或 25%丙环唑乳油 4 000 倍液加 15%三唑酮可湿性粉剂 2 000 倍液。每隔 10 天左右喷施 1 次，连续防治 2～3 次。

(2)蚕豆褐斑病

①发病症状　危害叶片、茎秆及豆荚。发病初期叶片上的病斑为赤褐色小斑点，后扩大为圆形或椭圆形病斑，周缘赤褐色十分明显，病斑中央褪色成灰褐色，直径为3～8毫米，病斑上密生黑色呈轮纹状排列的小粒点，病情严重时相互融合成不规则大斑块。湿度大时病部破裂穿孔或枯死。茎部发病时产生椭圆形较大斑块，病斑直径为5～15毫米，中央灰白色稍凹陷，周缘赤褐色，被害茎常枯死折断。豆荚发病时病斑暗褐色，四周黑色，病斑凹陷，严重时豆荚枯萎，种子瘦小，不成熟。病原菌可穿过豆荚皮侵害种子，在种子表面形成褐色或黑色污斑。茎、豆荚的病部也长黑色小粒点。

②防治方法

第一，种子处理。播种前用56℃温水浸种5分钟，进行种子消毒。

第二，农业防治。选用无病豆荚；单独脱粒留种；适时播种，提倡高畦栽培，合理施肥，适当密植，增施钾肥。

第三，药剂防治。发病前或发病初期喷药，常用农药有30%绿叶丹可湿性粉剂800倍液，或50%琥胶肥酸铜可湿性粉剂500倍液，或47%春雷氧化铜可湿性粉剂600倍液，或80%大生M-45可湿性粉剂500～600倍液，或80%代森锰锌可湿性粉剂600倍液，或14%络氨铜水剂300倍液，或77%氢氧化铜可湿性微粒粉剂500倍液。每隔10天左右喷施1次，防治1～2次。

(3)蚕豆赤斑病　蚕豆赤斑病是蚕豆生产中易发生的重要病害，一旦发病轻则减产，重则绝收。

①发病症状　主要侵害叶部，茎部也有发生，并从茎基部蔓延至根部，还能侵害花和幼豆荚。叶片上病斑分为急性型和慢性型。慢性型病斑在幼嫩叶片上较多，病斑开始为针尖大小的铁灰色小点，逐步形成直径为2～4毫米的圆斑，病斑中部微微凹陷，浅褐

色，边缘稍隆起，呈铁锈色。慢性型病斑不产生孢子，在天气干旱的情况下停止发展。当阴雨绵绵时，病斑急速扩大，连接成不规则形铁灰色枯斑，边缘模糊，上面密生灰色霉层（分生孢子与分生孢子梗），这种病斑称为急性型病斑。发生严重的植株，整个叶片、花器、幼豆荚及枝干都发黑、干枯，叶片大量脱落。

②*防治方法*　要早防早治，发病前或发病初期施药控制发病中心，以免传播蔓延。

第一，种子处理。播种前进行种子处理，用 56℃温汤浸种 5 分钟，或用 1%石灰水浸种 24 小时。

第二，农业防治。选育抗病品种；避免连作，合理配施磷、钾肥；蚕豆重茬长势差，易感病，增施磷、钾肥可促使蚕豆根系发达，植株健壮，增强抗病能力；为了防冻、防虫，减轻病害的发生要适时播种。

第三，药剂防治。土壤处理可用 50%多菌灵可湿性粉剂 1 千克与细土 20 千克拌成药土，撒入蚕豆种植穴中，或用 50%敌磺钠可湿性粉剂 500 倍液泼浇土壤。发病前或发病初期喷药，常用农药有 40%多·硫悬浮剂 500 倍液，或 50%乙烯菌核利可湿性粉剂 1 000 倍液，或 50%异菌脲可湿性粉剂 1 500 倍液，或 50%异菌脲可湿性粉剂 2 000 倍液加 90%三乙膦酸铝可湿性粉剂 1 000 倍液，或 50%腐霉利可湿性粉剂 1 500～2 000 倍液。每隔 7～10 天喷施 1 次，连续防治 2～3 次。

（4）蚕豆轮纹病

①*发病症状*　主要危害叶片，有时也危害茎、叶柄和豆荚。发病时叶片先出现 1 毫米大小紫红褐色小点，后扩展成边缘清晰的圆形或近圆形黑褐色轮纹病斑，病斑边缘明显稍隆起，病斑直径为 5～7 毫米。一片蚕豆叶片上常生多个病斑，病斑融合成不规则形大斑，引起病叶变成黄色，最后变为黑褐色，病部穿孔或干枯脱落。湿度大时或雨后及阴雨连绵的天气，病斑正、背两面均可长出灰白

色薄霉层。叶柄、茎和豆荚发病产生梭形至长圆形、中间灰色凹陷斑，有深赤色边缘，豆荚上生小黑色凹陷斑。

②防治方法

第一，种子处理。播种前用56℃温水浸种5分钟，进行种子消毒。

第二，农业防治。从无病田采种，选用无病豆荚；适时播种，提倡采用高畦栽培，适当密植，增施有机肥。

第三，药剂防治。发病前或发病初期喷药，常用农药有30％碱式硫酸铜悬浮剂500倍液，或30％氧氯化铜悬浮剂800倍液，或50％多·霉威可湿性粉剂1 000～1 500倍液，或50％琥胶肥酸铜可湿性粉剂500倍液，或14％络氨铜水剂300倍液，或77％氢氧化铜可湿性微粒粉剂500倍液。每隔10天左右喷施1次，连续防治1～2次。采收前3天停止用药。

(5)蚕豆疫病

①发病症状　该病只能在叶片上见到症状。发病初期在叶片上形成暗紫色圆形病斑，病斑直径为0.5～1.5厘米，病健交界不明显，病部软化，晴天时干枯。

②防治方法

第一，种子处理。用种子重量0.3％的35％甲霜灵拌种剂拌种。

第二，农业防治。选用抗病品种；从无病地留种；实行2年以上轮作；清洁田园，并将病残体集中深埋或烧毁，及时耕翻土地；按配方施肥，合理密植。

第三，药剂防治。发病前或发病初期喷药，常用农药有1∶1∶200倍波尔多液，或90％三乙膦酸铝可湿性粉剂500倍液，或60％琥·乙膦铝可湿性粉剂500倍液，或72％霜脲氰或72％霜脲·锰锌(克抗灵)可湿性粉剂800～1 000倍液，或69％安克·锰锌可湿性粉剂或水分散粒剂1 000倍液。每隔10天左右喷施1

次，连续防治1～2次。

(6)蚕豆病毒病

①发病症状　全株可发病，因病毒株系不同，症状有差异。分花叶型和黄化型两种类型。花叶型叶片皱缩卷曲肥厚，叶肉黄绿相间呈花叶状斑驳，发病轻时病株矮缩不明显，但顶端心叶多变黄或卷缩，发病重时病株明显矮小，不开花结实。黄化型病株矮小，叶片黄且薄，茎直立，一般不萎蔫，后期病叶易早落。

②防治方法

第一，农业防治。选用抗病品种；选择无病、健康饱满的种子播种；种植地块远离菜豆田的大棚或温室；适期播种，不宜过早；苗期发现病株要及时拔除，以防形成发病中心而蔓延开来。

第二，药剂防治。及时喷药治蚜，可用50%抗蚜威可湿性粉剂2 500～3 000倍液，或10%吡虫啉可湿性粉剂2 000倍液。采收前3天停止施药。

119. 四棱豆主要病害有哪些？如何防治？

(1)四棱豆白星病　白星病为四棱豆的常见病，分布广，发生也较普遍，多在夏、秋露地种植时发生，一般发病率在30%左右，重时达60%以上，可使部分叶片提早衰老坏死，在一定程度上影响生产量和蔬菜品质。

①发病症状　此病主要危害叶片，病斑初期在叶片上出现紫红色放射小点，以后发展成中心白色至灰白色，边缘紫红色界限不明显的小斑，中央略陷，通常病斑大小为2～5毫米，后期在病斑表面产生少许褐色小点，即病菌的分生孢子器。条件适宜时，病斑稍大，可相互连接，有时可穿孔，终致叶片提前老化坏死。

②防治方法

第一，农业防治。精选无病种子和进行种子灭菌处理；实行2年以上轮作；收获后及时清除病残体，集中烧毁，减少初侵染来源；

采用配方施肥技术，施用充分腐熟的有机肥，注意增施磷、钾肥，以增强植株抗病力；生长期适时浇水，雨后及时排水，降低田间湿度。棚室栽培时应抓好生态防治，应以调控温、湿度为管理重点，防止棚内湿度过大、温度过高。

第二，药剂防治。发病初期喷洒 70%甲基硫菌灵可湿性粉剂 600 倍液，或 50%异菌脲可湿性粉剂 1 000 倍液，或 80%代森锰锌可湿性微粒粉剂 800 倍液，或 70%甲基硫菌灵可湿性粉剂 1 000 倍液加 75%百菌清可湿性粉剂 1 000 倍液，或 45%噻菌灵悬浮剂 1 000 倍液。每隔 7～10 天喷施 1 次，连续防治 2～3 次。

(2)四棱豆荚果腐烂病

①*发病症状*　四棱豆荚果腐烂病又称赤霉病，主要侵害幼嫩荚果。被害荚果初期出现水渍状湿腐小斑，后扩大为近圆形至不定形褐斑，有的病斑沿荚果翼瓣扩展为褐色条斑，潮湿时斑面出现黄色至略带粉红的霉状物，即为本病病症，为病菌分生孢子。被害荚果终致枯萎，不能食用。

②*防治方法*

第一，常发本病的地区尽可能实行轮作。

第二，精选种子，播前种子消毒(40%多菌灵可湿性粉剂按种子重量的 0.3%药剂拌种，密封 48 小时后播种)。

第三，低洼潮湿地注意整治排灌系统，降低地下水位。

第四，合理密植，合理搭架和引蔓疏枝，改善株间通透性。

第五，配方施肥，适当增施磷、钾肥，避免施用未经充分腐熟的土杂肥。

第六，注意防治小灰蝶等蛀果害虫(初荚期喷施 2.5%氯氟氰菊酯乳油 3 000～4 000 倍液 1～2 次)。

第七，及早喷药，保护幼荚。选用 75%百菌清加 75%托布津可湿性粉剂 1 000～1 500 倍液，或 30%氧氯化铜悬浮剂加 70%代森锰锌可湿性粉剂(1∶1)800～1 000 倍液，或 30%氧氯化铜悬浮剂加10％多抗霉素可湿性粉剂(1∶1)800～1000倍液，每隔10天左右喷施1次，交替喷施2～3次。

(3)四棱豆假尾孢叶斑病

①发病症状　主要危害叶片。叶片病斑初为褪绿小斑，后转为黄褐色至灰褐色，边缘色较深，中部色较淡，病健部位分界明显，有的病斑外围具有黄晕。病斑大小不等，小的直径为2～3毫米，大的直径达10～18毫米，数个病斑可互相融合为更大的斑块。斑面病症不甚明显，如果存在则呈暗灰色薄霉层(病菌分生孢子梗和分生孢子)。

②防治方法

第一，选用早熟抗病品种。

第二，从无病田或无病植株留种。

第三，播前种子消毒(40％多菌灵可湿性粉剂按种子重量的0.3％拌种，密封48小时后播种)，可减少幼苗期发病。

第四，抓好合理密植、管理好肥水、田间卫生等一系列栽培防病措施，增强植株抵抗力，减轻病害。

第五，及时喷药预防控病。于植株上架起，发病之初，可喷施75％百菌清可湿性粉剂加70％托布津可湿性粉剂(1∶1)1000～1500倍液，或30％氧氯化铜悬浮剂加70％代森锰锌可湿性粉剂(1∶1)1000倍液，每隔7～15天喷施1次，共喷2～3次，前密后疏，交替施用。

(4)四棱豆病毒病　病毒病是四棱豆的常见病害，分布较广，发生亦普遍，明显影响四棱豆的产量和质量。

①发病症状　此病为典型的花叶病。感病的植株嫩叶皱缩，先是黄绿色，以后转为暗绿色，叶片变厚、变脆，显著变小。感病前已长成定形的叶片，不表现症状。发病与蚜虫的发生相伴而至(蚜虫是传病的主要媒介)。其发病的轻重与气候条件和肥水管理密切相关，如遇久晴高温，土壤干燥，则发病严重，叶片显著变小、发

暗，植株现蕾开花极少，不结荚。如及时灌溉肥水，又能恢复生长，新生长的藤叶症状减轻，能现蕾、开花、结荚。

②*防治方法*

第一，农业防治。选择相对抗(耐)病的品种，如濮棱1号、濮棱008、早熟2号，精选无病的种子；增施有机肥、适时浇水追肥，使其生长健壮；加强防治蚜虫、粉虱及螨类害虫，彻底消灭病毒携带者；幼苗期感病则全株矮缩，要及时连根拔除病株，集中烧毁，以消灭病原。

第二，药剂防治。发病初期喷施1.5%植病灵乳剂1 000倍液，或盐酸吗啉胍·铜可湿性粉剂500倍液，或1%菇类蛋白多糖水剂300倍液，每隔7～10天喷施1次，连续防治3～4次，以上药剂可交替使用。

120. 豆类蔬菜的主要害虫有哪些？如何防治？

(1)豆蚜 豆蚜属同翅目，蚜科，又称苜蓿蚜、花生蚜，分布除西藏未见报道外，其余各省、自治区均有。为害豇豆、芸豆、豌豆、蚕豆、苜蓿、苕子等豆科作物。

①*为害特点* 成虫和若虫刺吸嫩叶、嫩茎、花及种荚的汁液，使叶片卷缩发黄，嫩种荚变黄，严重时影响生长，造成减产。尤其是在晴天少雨的高温季节，豆蚜发生尤为严重。又因该虫大量排泄“蜜露”，而引起煤污病，使叶片表面铺满一层黑色霉菌，影响光合作用，结荚减少，千粒重下降。明显影响产量和出口合格率。

②*防治方法*

第一，农业防治。架设防虫网；挂银灰膜能驱蚜；保护地可采取高温闷棚法，在收获完毕后不急于拉秧，先用塑料膜将棚室密闭3～5天，消灭棚室中的虫源，避免向露地扩散，也可以避免下茬受到蚜虫为害。

第二，药剂防治。首选25%抗蚜威水溶性分散剂1 000倍液喷雾，对防治蚜虫有特效，并可以保护天敌；也可以选用10%吡虫啉可湿性粉剂2 000倍液，或20%丁硫克百威乳油1 500倍液，或21%增效氰·马乳油6 000倍液，或20%蚜克星乳油1 000倍液。

(2)温室白粉虱 温室白粉虱属同翅目，粉虱科，俗称小白蛾子，是蔬菜上的重要害虫，为害温室、大棚等保护地中的蔬菜，同时还严重为害露地果菜类蔬菜。

①为害特点 以成虫和若虫吸食寄主植物叶片的汁液，造成被害叶褪绿、变黄，甚至全株死亡，严重影响产量。此外，白粉虱还分泌大量蜜露，堆积于叶面和果实上，引起煤污病，降低商品价值。

②防治方法

第一，农业防治。清洁温室、大棚，培育“无虫苗”，可显著地抑制白粉虱的数量，减轻危害；温室、大棚是白粉虱的越冬场所，所以育苗前和栽植时应彻底消除杂草和残株，用药剂熏杀残余虫口，并在温室的通风口设置尼龙纱等屏障，以控制外面的虫源侵入；结合植株整理，摘除带虫老叶带到田外处理。

第二，物理防治。白粉虱对黄色敏感，有强烈趋性，可在温室内设置黄板诱杀成虫。方法是利用废旧的纤维板或硬纸板，裁成1米×0.2米长条，用油漆涂为橙黄色，再涂上一层黏油，每667平方米设置32～34块，置于行间，可与植株高度相同。

第三，药剂防治。粉虱世代重叠，必须连续几次用药才能有效防治。常用农药有10%噻嗪酮乳油1000倍液，对粉虱有特效；25%杀螨猛乳油1 000倍液对粉虱成虫、卵和若虫皆有效；10%吡虫啉可湿性粉剂每667平方米用有效成分2克，持效期30天；2.5%氯氟氰菊酯乳油3 000倍液，或20%甲氰菊酯乳油2 000倍液，连续施用，均有较好效果。

(3)豇豆荚螟 豇豆荚螟属鳞翅目，螟蛾科，又称豇豆螟、豇豆蛀野螟、豆野螟、豆荚螟、豆螟蛾、豆卷叶螟、大豆卷叶螟、大豆螟蛾。为害豇豆、芸豆、扁豆、豌豆、蚕豆、大豆等。

①为害特点　幼虫为害豆叶、花及豆荚，常卷叶为害或蛀入荚内取食幼嫩的种粒，荚内及蛀孔外堆积粪粒。受害豆荚味苦，不堪食用。严重受害区，蛀荚率达70%以上。

②防治方法

第一，农业防治。及时清除田间落花、落荚，并摘除被害的卷叶和豆荚，以减少虫源。

第二，物理防治。在豆田架设黑光灯，诱杀成虫。

第三，药剂防治。采用有机磷或菊酯类农药与保幼激素类药剂相结合使用，混合喷施。常用的有机磷类农药有800倍液的敌敌畏，菊酯类农药有2 000倍液的氯氟氰菊酯、1 500倍液的氯氰菊酯，保幼激素类药剂有1 500倍液的氟啶脲、1 500倍液的卡斯克、2 000倍液的除虫脲、1 000倍液的灭幼脲3号。也可以用5%氟虫腈胶悬剂2500倍液，从现蕾开始，每隔10天喷蕾花1次，可控制为害，如需兼治其他害虫，则应全面喷药。

(4)豆荚斑螟　豆荚斑螟属鳞翅目，螟蛾科，又称豆荚螟、大豆荚螟。主要为害大豆、豌豆、豇豆、扁豆等蔬菜作物。全国各地均有发生。

①为害特点　以幼虫吃食花、荚和豆粒为主，严重时整个豆荚被吃空，降低产量和影响种子的质量。

②防治方法

第一，农业防治。及时翻耕整地，除草松土，杀死越冬幼虫和蛹；有条件的地区可采用冬春水浇地；选栽早熟丰产、结荚期短、少毛或无毛的品种；实行轮作。

第二，物理防治。棚室栽培地可高温闭棚3～4天，利用高温杀死蛹、成虫和幼虫。

第三，生物防治，在成虫产卵期释放赤眼蜂灭卵，效果也很好。棚室内栽培因空气相对湿度较大，可施用白僵菌粉，每667平方米用菌粉1.5千克加细土4.5千克，撒布于植株花荚和嫩叶嫩茎上。

第四，药剂防治。掌握在发蛾盛期至卵孵化盛期喷药，在虫害发生前或初期用药为最佳施药期，防治此虫有治花不治荚，治小不治大之说，每隔5～7天喷1次，连喷2～3次。在难于观察到发蛾盛期和卵孵化盛期的情况下，可从植株现蕾开花时开始喷药，每隔10天喷1次花蕾，即可控制为害。在花期用药要比在结荚期用药好。将有机磷或菊酯类农药与保幼激素类药剂相结合使用。有机磷农药有90%敌百虫晶体800倍液、50%杀螟硫磷乳油1 000倍液；菊酯类农药有2.5%溴氰菊酯乳油2 000～3 000倍液、21%增效氰·马乳油3 000～4 000倍液、40%氰戊菊酯乳油4 000倍液；保幼激素类药剂有25%灭幼脲悬浮液1 500～2 000倍液、5%氟啶脲乳油1 000～2 000倍液，该类农药的适期应比有机磷、菊酯类杀虫剂提早3天左右。不同类药剂可交替或混合喷施。

(5)豆卷叶螟 豆卷叶螟属鳞翅目，螟蛾科，又称豆蚀叶野螟、大豆卷叶虫、豆三条野螟，全国各地均有分布。为害大豆、豇豆、绿豆、赤豆、芸豆、扁豆等豆科作物。

①*为害特点* 幼虫缀叶取食，使叶片呈缺刻或穿孔，发生严重时，影响产量。

②*防治方法* 防治豇豆荚螟时即可兼治此虫。

(6)小地老虎 小地老虎属鳞翅目，夜蛾科，又称土蚕、地蚕、黑土蚕、黑地蚕，各地均有发生。为害各种蔬菜及农作物幼苗，以豆类、茄果类、瓜类、十字花科蔬菜受害最重。

①*为害特点* 刚孵化的幼虫常常群集在幼苗的心叶或叶背上取食，把叶片咬成小缺刻或网孔状。幼虫2龄后把蔬菜幼苗近地面的茎部咬断，还常将咬断的幼苗拖入洞中，其上部叶片往往露在洞穴外，使整株死亡，造成缺苗断垄，严重的甚至毁种。

②*防治方法*

第一，农业防治。收获后及时翻耕土地；早春及时清除菜田及周围杂草，防止地老虎成虫产卵。把泡桐树叶采下用水浸泡后，每

667 平方米均匀放上 70～80 片，傍晚放在田间，翌日早晨捕捉幼虫。地老虎仅以田中杂草为食，因此也可以在菜苗定植前选择地老虎喜食的灰菜、刺儿菜、苦荬菜、小旋花、苜蓿、艾蒿、青蒿、白茅、鹅儿草等杂草堆放诱集地老虎幼虫，或人工捕捉，或拌入药剂毒杀。也可用黑光灯或糖醋液诱杀成虫。用发酵变酸的食物，如甘薯、胡萝卜、烂水果等加入适量药剂，诱杀成虫。

第二，化学防治。地老虎 1～3 龄幼虫抗药性差，且暴露在寄主植物或地面上，是药剂防治的适期，药剂可选用 90％敌百虫晶体 1 000 倍液，或 2.5％溴氰菊酯乳油 3 000 倍液，或 21％灭杀毙乳油 4 000～6 000 倍液，或 21％菊・马乳油 3 000 倍液，或 10％溴・马乳油 2 000 倍液。还可选用 90％敌百虫晶体 1 000 倍液，或 50％辛硫磷乳油 1 500 倍液灌根。

(7)豌豆潜叶蝇　豌豆潜叶蝇属双翅目，潜蝇科，又称豌豆植潜蝇，俗称叶蛆。为害豌豆、芸豆等。全国各地均有发生。

①为害特点　以幼虫在叶片表皮下的柔软组织中取食，食去叶肉，仅留上下表皮，形成灰白色的蛇形潜道，内有黑色虫粪，影响生长，为害严重时叶片组织几乎全部受害，叶上布满潜道，引起整个叶片枯死。幼虫还能潜食嫩荚及花梗，造成落花，影响结荚。

②防治方法

第一，农业防治。由于豌豆潜叶蝇的卵、幼虫、蛹 3 个阶段都是在寄主叶片里生活，因此在收获后及时清除残枝败叶和铲除杂草，集中处理，可消灭大量残虫，减少虫源。利用成虫对甜汁的趋性，用胡萝卜和甘薯煮熟后过滤取液，加上少量敌百虫，制成毒剂，在越冬代成虫羽化盛期，把毒液喷洒在一部分蔬菜上，诱杀成虫。

第二，药剂防治。适期应在初见为害状时（即 4 月下旬至 5 月上旬），此时正值成虫大量活动期，幼虫处于初龄阶段，易发挥药效。药剂可选用 90％敌百虫晶体 1 000 倍液，或 2.5％溴氰菊酯乳油 2 000 倍液，或 40％菊・马乳油 2 000～3 000 倍液。每隔7～

10 天喷施 1 次，连续防治 2～3 次。

(8)红蜘蛛 红蜘蛛又称菜叶螨，包括很多种，均属蛛形纲，蜱螨科。为害蔬菜的主要有朱砂叶螨、截形叶螨和二斑叶螨。

①为害特点 红蜘蛛为害作物以成、若、幼螨在叶背吸食汁液，并结成丝网。初期叶面出现零星褪绿斑点，严重时叶片布满白色小点，使叶面变为灰白色，最后叶片干枯脱落，植株早衰，产量下降。

②防治方法

第一，清除棚边杂草及棚内枯枝落叶，耕翻土地，消灭越冬虫源。

第二，加强虫情调查，点片发生时就进行药剂防治。可选用 73%炔螨特乳油 1 000 倍液，或 25%灭螨猛可湿性粉剂 1 000～1 500 倍液，或 1.8%阿维菌素乳剂 4 000～5 000 倍液，或 2.5%联苯菊酯乳油 2 000 倍液，或 21%灭杀毙乳油 2 500 倍液，或 20%复方浏阳霉素可湿性粉剂 1 000 倍液，或 5%氟虫脲乳油 2 000 倍液，或 50%马拉硫磷乳油，或 40%乐果乳油 800 倍液等喷雾。

七、采收和采后处理与豆类蔬菜商品性

121. 豆类蔬菜品质特性有哪些?

豆类蔬菜品质是指满足某种使用价值的全部有利特征的总和,是指食用时豆类蔬菜的外观、风味和营养价值的优越程度。豆类蔬菜品质特性包括感官属性和生化属性两大类。

(1)感官属性 它指人们通过视觉、嗅觉、触觉和味觉等感觉器官所感觉和认识到的属性。

①表观属性 色泽、大小、形状、状态。

②质地属性 硬度、脆度、沙性、绵性、汁性、纤维性。

③风味属性 口味、气味。

(2)生化属性 它是指以营养功能为主的豆类蔬菜的内在属性。主要有水分、碳水化合物、有机酸、蛋白质、脂类、色素、维生素、矿物质、风味、芳香物质等。

122. 豆类蔬菜为什么要适时采收?

采收时期是否适当,对产品的产量和采后贮藏品质有着很大的影响。采收过早,豆类蔬菜产品还未达到成熟的标准,单荚重最小,产量低、品质差,豆类蔬菜产品本身固有的色、香、味还未充分表现出来,耐贮性也差;采收过晚,果实已经成熟,接近衰老阶段,在贮运中自然损耗大,腐烂率明显增高。因此,确定适宜的采收成熟期是至关重要的。另外,确定适宜的采收期不仅取决于豆类蔬菜产品的成熟度,而且还取决于豆类蔬菜产品采后的用途、采后运输距离的远近、贮藏方法、贮藏和货架期的长短以及产品的生理特点。一般就地销售的产品可以适当晚些采收，而作为长期贮藏和远距离运输的产品则应该适当早些采收。

123. 豆类蔬菜在采收过程中应注意哪些事项？

(1)采收时间 不同种类采收时间有差异，如芸豆一般在落花后10～15天为采收适期，此时单荚重，产量高，品质好。毛豆以食用鲜嫩豆粒为目的，可在豆粒饱满、豆荚青绿时采收。对短荚果如毛豆、豌豆适宜在晴天上午晨露消失后采收，有利于降低果实的膨压，减少果皮破裂，防止微生物侵染；对于长荚果如长豇豆最好在下午采收，经太阳暴晒，豆荚细胞膨压降低，质地柔软，抽拉时不易折断。阴雨连绵时采收对所有果实都不利。

(2)分期分批采收 同一植株上的果实由于花期或各自所处的光照和营养状况不同，成熟早晚有差异，要分期分批采收。在进行豆类蔬菜采收时，应按照“先下后上，先外后内”的原则进行。

(3)细心摘荚 采收时应按住豆荚的基部，轻轻地向左右扭动，然后摘下，轻拿轻放，同时要小心，不要碰伤茎蔓、叶片、花和幼荚，更不能连花序一起摘下。采后应避免日晒雨淋，及时分级、包装、预冷、运输或贮藏。

124. 四棱豆怎样采收？

食用嫩荚的四棱豆要及时采收，一般在开花后15～20天，当嫩荚绿色柔软、重21～25克时为嫩荚的采收适期。采收宜嫩不宜老，如采收过迟，纤维素增加，品质变劣，口味较差，甚至不能食用。嫩荚勤摘，以利于后继荚果的生长。通常在荚长到2/3～4/5时青嫩豆荚的品质较好，因为表面积比例大，接近荚果表面有一种泡沫状的结构，容易丢失水分，因而鲜嫩的豆荚不耐贮藏。收获的鲜荚最好在24小时内出售和食用。

125. 扁豆如何适时采收？

扁豆开花后 15 天左右，当荚已长成而尚未变硬时，荚果长得最长，鲜重最大，菜用商品品质最好，为采收适期。1 个花序上有 8～10 个花芽，而开花结荚的只有 3～5 个。采摘豆荚时，要注意保护好这些花芽，因同一花序轴在收荚后还可着生新荚。

126. 毛豆如何适时采收？

毛豆在豆荚充分长大，豆粒饱满鼓起，颜色由深绿色变成浅绿色时采收。采收过早则豆粒瘦小，产量低；过迟则豆粒过硬，糖分减少，品质降低，全株分 2～3 次采完。摘下的青荚应放在阴凉处贮存，以保持鲜嫩，增加效益。

127. 豇豆如何采收？

豇豆开花后第十四天豆荚充分伸长、加粗，而种子尚未膨大，鲜重最大，若此时采收，产量不仅最高而且品质也最佳。豇豆的每 1 个花序上有 2 对以上的花芽，但通常只结 1 对荚。在植株生长良好、营养水平高时，可使大部分花芽发育成花朵，开花结荚。所以，在采收豆荚时，一手捏住荚条，一手护住花序，不要损伤花序上的其他花蕾，更不可连花柄一起摘下，要保护好花序，方可陆续开花结荚。具体采收时间以每天上午 10 时以前或下午 5 时以后为宜。

128. 刀豆如何采收？

种子开始膨大，嫩荚长 11～20 厘米时可随时采收，要多次勤摘，不但能有效地确保产品的品质，而且能调节植株的营养分配，有效地促进开花，增结新荚。若采收晚了，养分迅速向种子集中，影响幼荚的生长，同时荚皮得到的养分减少，纤维素增多，品质下降而失去商品性。每667平方米可采嫩荚500～750千克。留种应选择植株基部早结的荚果，其余嫩果应及时采食。待留种的荚果老熟后摘下，带荚干燥，然后剥取种子，以备下年种植。若是食品加工出口企业收购的，一定要按照其鲜荚长度、直径标准采摘。

129. 芸豆如何采收？

芸豆的适宜采收期是落花后10～15天采收嫩荚。气温较低，开花后15～20天采收；气温高，则开花后约10天采收。当豆荚由扁变圆、颜色由绿转为淡绿、外表有光泽、种子略为显露或尚未显露时即应采收。豆荚的食用成熟度，还可根据豆荚的发育状态、主要化学成分的变化及荚壁的粗硬程度来判断。落花后5～10天豆荚便明显伸长。作嫩荚食用的，在花谢后10天左右采收；作脱水和罐藏加工用的，产品规格要求严格，在花谢后5～6天采收；作种用的在花后20～30天完成种子的发育后采收。豆荚的化学变化主要是由淀粉转化为糖，而种子的成熟过程，是由糖转化为淀粉，以及由非蛋白质的氮素合成为蛋白质，水分也渐渐减少，此种转化在采收以后及贮藏期间仍在继续进行。此外，豆荚中的纤维除缝线处的维管束外，还存在于果皮的内层组织中，它最初为1层细胞所组成的薄壁组织，其后细胞的层数增加，纤维增多，使荚壁变得粗硬，所以供食用的嫩荚，宜在豆荚已基本长大、荚壁未硬化时采收。

一般来讲，矮生芸豆从播种至初收，春播50～60天，秋播约40天，采收期约15天，可连续采收15～20天或以上。蔓生芸豆春播，生育前期受低温影响，生长较慢，自播种至初收60～90天；秋播播种至初收40～50天，采收期30～45天或更长。

芸豆采收最好在早上或傍晚进行。早上采收豆荚不但含水量大、光泽好，而且温度低、水分蒸发量小，有助于减少上市或长途运输过程的水分消耗；中午或温度高时采收果实含水量低，品质差；

傍晚采收豆荚品质好，枝叶韧性强，采收时不易伤害植株。保护地栽培时阴雨天和浇水后也不宜采收，因为此时设施内湿度大，甚至果面结露，有利于病菌的侵染和繁殖，采后果实在贮藏和运输过程中易发生病害。

芸豆采收时除要考虑上述因素外，还必须符合农业部颁布的芸豆果荚的感官要求。芸豆感官质量要求果荚端正、无裂口、鲜嫩、无萎蔫；颜色正常、有光泽，种皮未变硬；无腐烂、无病虫害、冷害、冻害和机械伤。

芸豆采收的产品除必须符合外观要求和营养含量标准外，还必须严格控制农药残留量，具有较高的安全性，符合农业部颁布的芸豆卫生指标规定的标准，出口的产品必须按进口国的要求标准检测合格。按照标准要求，检测样品的抽样方法按 GB/T 885 中的有关规定执行。芸豆产品的卫生标准规定得十分严格，通常 1 批检测的样品在多次重复检测时，只要有 1 次检测的 1 项卫生指标未达到标准要求，出现有害残留超过规定标准或检出蔬菜中禁止使用的农药，该批产品全部为不合格产品，不能作为商品上市销售。

130. 荷兰豆如何适时采收？

荷兰豆的荚果一般自下而上逐渐成熟，常常是基部豆荚已经采收，而上部正在开花或刚刚结荚，延续时间达 1 个月，因此要分期采收。一般在开花后 8～10 天，荚已充分长大，且豆粒尚未发育时为采收时期。若采收过早，则豆荚尚未充分长大，而影响产量；若采收过晚，籽粒膨大，糖分降低，纤维增加，而造成商品性差。因此，应及时采收，盛收期每天采摘 1 次，摘取嫩荚时要小心，不要使嫩荚受伤。具体掌握在嫩荚中种子开始形成、照光见米粒痕迹时采摘。收获后，要存放在阴凉处，并进行分级，对于有斑点、畸形、过熟等不合格嫩荚均应剔除，然后上市销售或装筐运往工厂。

131. 怎样进行人工挑选荷兰豆?

(1)吹花处理 为了避免花瓣未脱落而粘在豆荚上引起豆荚腐烂,需进行吹花处理,淘汰重量轻、不成熟的豆荚。

(2)挑拣次品 剔除花萼变黄的荷兰豆,将色泽变黄、有虫斑和虫眼的次品挑出去。雨季来临时更要注意剔除带黑斑点的豆荚,豆荚变黑主要是由于雨水多,花瓣在豆荚生长时不能自行脱落,被雨水附着在豆荚尾部上而形成。

(3)统一规格 商品豆荚要大小匀称,要把较大或较小的豆荚剔除出来,以保持规格的一致性。

132. 甜豆如何适时采收?

一般在5～6月份开始采收甜豆,甜豆开花后12～15天,嫩荚伸长停止,而种子刚刚开始发育,荚呈半鼓状,色泽鲜绿时应及时采收。采收时一定要采摘干净,否则会影响上边嫩荚的生长。

133. 什么是蔬菜分级?

蔬菜分级就是我们俗话说的分等,指同一品种的蔬菜产品,依据其内在与外观的质量以及不同的用途,按不同的等级标准分开。由于蔬菜在生长发育过程中受到外界多种因素的影响,同一菜园或同一植株上的产品,其质量可能存在较大差异,而从不同地域收购来的产品更存在品种混杂、大小不一、参差不齐的现象。通过分级可使产品大小整齐、色泽相同、品质一致、形状相近、优劣分明,达到国家规定的商品质量标准;通过分级,淘汰有病虫害和机械损伤的产品,可以减轻病虫害的传播,减少贮藏中的损失;通过分级,有利于产品包装标准化和贮运,并可按质定价,优质优价,提高产品在市场中的竞争力。所以,分级是保证蔬菜产品质量,使产品达到商品化标准化的重要措施。

134. 豆类蔬菜如何进行分级?

豆类蔬菜分级是使同等级、同规格、同包装的豆荚在外观上具有均一性,达到商品标准化的过程。在现代商品流通中,农产品绝对不允许混级,必须按照产品的感官指标进行严格的分级,才能进入市场。分级是为了淘汰病、虫、伤等不合格的豆荚,并根据其大小、形状、色泽等感官表现分级,使同一等级、同一规格、同一包装内的豆荚均匀一致,达到商品化标准。豆类蔬菜的品种繁多,不同品种间在豆荚的形状、大小和颜色等方面存在较大差异,即使同一品种在不同环境条件和栽培技术下也存在一定差异。但同一品种的豆荚,特别是同一批商品的形状、大小和色泽等感官性状应相对一致,因此可按感官指标分成不同的等级和规格。

豆荚的分级一般采用人工分级。豆粒的分级可按豆粒的大小采用机械分级。豆类蔬菜产品的分级通常根据其坚实度、清洁度、大小、重量、颜色、形状、鲜嫩度,以及病虫感染和机械伤等分级,一般分为3个等级,即特级、一级、二级。鲜食嫩荚产品除了要按照外观质量标准进行分级外,还要根据豆荚的长度划分为不同的规格。

(1)芸豆分级 按照国家颁布的芸豆等级和规格划分的标准(NY/T 1062—2006)规定执行。在标准中给出了对芸豆的基本要求。根据对每个等级的规定和允许误差,芸豆应符合下列基本条件:同一品种或相似品种;完好、无腐烂、无变质;清洁,不含任何可见杂物;外观新鲜;无异常的外来水;无异味;无虫及无病虫害导致的损伤。

在标准中将芸豆按豆荚的外观品质划分成3个等级,分别为特级、一级和二级。具体要求应符合表1的规定。

表1　芸豆等级规格

等　级	要　求
特　级	豆荚鲜嫩、无筋、易折断；长短均匀，色泽新鲜，较直；成熟适度，无机械伤、果柄缺失及锈斑等表面缺陷
一　级	豆荚比较鲜嫩，基本无筋；长短基本均匀，色泽比较新鲜，允许有轻微的弯曲；成熟适度，无果柄缺失；允许有轻微的机械伤、锈斑等表面缺陷
二　级	豆荚比较鲜嫩，允许有少许筋；允许有轻度机械伤、果柄缺失及锈斑等表面缺陷，但不影响外观及贮藏性

在芸豆的分级中，允许有一定范围的误差。按其质量计为：特级芸豆允许有5%的产品不符合该等级规定要求，但应符合一级的要求；一级芸豆允许有10%的产品不符合该等级规定要求，但应符合二级的要求；二级芸豆允许有10%的产品不符合该等级规定要求，但应符合基本要求。

在NY/T 1062—2006标准中，还规定了芸豆的规格标准。以芸豆的长度作为划分规格的指标，分为大（大于20厘米）、中（15～20厘米）、小（小于15厘米）3个规格。同时规定，特级品允许有5%的产品不符合该规格要求；一级、二级品允许有10%的产品不符合该规格要求。

(2)豇豆分级

按照国家颁布的豇豆等级和规格划分的标准（NY/T 965—2006）规定执行。在标准中给出了对豇豆的基本要求。根据对每个等级的规定和允许误差，豇豆应符合下列基本条件：荚果具有本品种特有的颜色；完好，不包括腐烂或变质的产品；无异常的外来水；无异味；无腐烂；无冷害或冻害。

在标准中将豇豆按豆荚的外观品质划分成3个等级，分别为特级、一级和二级。具体要求应符合表2的规定。

表 2　豇豆等级规格

项　目	等　级		
	特　级	一　级	二　级
品　种	同一品种		同一品种或相似品种
成熟度	豆荚发育饱满，荚内种子不显露或略有显露，手感充实	豆荚发育饱满，荚内种子略有显露，手感充实	豆荚内种子明显显露
荚果形状	具有本品种特有的形状特征，形状一致	形状基本一致	形状基本一致
病虫害	无	不明显	不严重

在豇豆的分级中，允许有一定范围的误差。按其质量计为：特级豇豆允许有5%的产品不符合该等级规定要求，但应符合一级的要求；一级豇豆允许有8%的产品不符合该等级规定要求，但应符合二级的要求；二级豇豆允许有10%的产品不符合该等级规定要求，但应符合基本要求。

在NY/T 965—2006标准中，还规定了豇豆的规格标准。以豇豆的长度作为划分规格的指标，分为大荚果(大于70厘米)、中荚果(40～70厘米)、短荚果(小于40厘米)3个规格。同时，规定允许误差，特级不符合规格要求的按长度计不超过5%；一级不符合规格要求的按长度计不超过8%。二级不符合规格要求的按长度计不超过10%。

(3)荷兰豆　按照国家颁布的荷兰豆等级和规格划分的标准(NY/T 1063—2006)规定执行。在标准中给出了对荷兰豆的基本要求。根据对每个等级的规定和允许误差，荷兰豆应符合下列基本条件：同一品种或相似品种；成熟度符合食用要求；外观新鲜、翠绿、有光泽、不失水、无皱缩；无畸形豆荚；清洁，不含杂物；无腐烂、变质；无冷害、冻害；无虫及病虫导致的损伤；无异味；无异常的外来水。

在标准中将荷兰豆按豆荚的外观品质划分成3个等级,分别为特级、一级和二级。具体要求应符合表3的规定。

表3 荷兰豆等级规格

等 级	要 求
特 级	豆荚大小、长短和色泽一致;豆荚无筋;无豆粒或极小;豆荚无缺陷
一 级	豆荚大小、长短和色泽较一致;豆荚基本无筋;豆粒刚刚形成,且很小。允许有轻微的外形、颜色和表面缺陷以及机械伤
二 级	豆荚大小、长短和色泽稍有差异;豆荚有筋;有豆粒,但应较小且很少。允许稍有外形、颜色、表面缺陷和机械伤,以及轻微萎蔫

在荷兰豆的分级中,允许有一定范围的误差。按其质量计为:特级荷兰豆允许有5%的产品不符合该等级规定要求,但应符合一级的要求;一级荷兰豆允许有8%的产品不符合该等级规定要求,但应符合二级的要求;二级荷兰豆允许有10%的产品不符合该等级规定要求,但应符合基本要求。

在NY/T 1063—2006标准中,还规定了荷兰豆的规格标准。以荷兰豆的长度作为划分规格的指标,分为大(大于12厘米)、中(8～12厘米)、小(小于8厘米)3个规格。同时规定,特级允许有5%的产品不符合该规格规定要求;一级允许有8%的产品不符合该规格规定要求。二级允许有10%的产品不符合该规格规定要求。

135. 豆类蔬菜适宜的贮藏湿度是多少?

湿度过大也会促进腐败微生物的生长,有时还会导致蔬菜产品的开裂。所以,作鲜贮蔬菜时,要尽量保持蔬菜适宜的含水量。蔬菜从植株体或从土壤上采收后,正常的生理生长受到破坏,断绝了水分来源，由于呼吸和蒸发要消耗水分和养分，抗病能力下降，食用新鲜度受到影响。为此，我们通过蔬菜表面可以吸收水分这一特性，在贮藏蔬菜的环境中保持适当的湿度，以给蔬菜补给水分。不同的蔬菜要求的湿度不同，一般空气相对湿度以控制在90%±5%为宜。如芸豆适宜的贮藏空气相对湿度为90%～95%；豇豆适宜的贮藏空气相对湿度为85%～90%；豌豆适宜的贮藏空气相对湿度为85%～90%；毛豆适宜的贮藏空气相对湿度为90%～95%。

136. 豆类蔬菜适宜的贮藏温度是多少？

每一种蔬菜产品都有一个最适温度条件下的贮藏寿命。如芸豆适宜贮藏温度为6℃～8℃；豇豆适宜贮藏温度为7℃～9℃；豌豆适宜贮藏温度为1℃～3℃；毛豆适宜贮藏温度为0℃～2℃。

137. 选择豆类蔬菜包装材料的原则是什么？

根据不同种类蔬菜的贮藏特性，有针对性地选择合适的包装材料，具体有以下几项原则。

第一，对蔬菜具有较好的保护性，在装卸、运输和码放过程中有足够的机械强度。

第二，具有一定的通透性，有利于产品散热及气体交换。

第三，具有一定的保湿保鲜性能，可减少水分损失。

第四，包装物与包装商品的价值、档次相适应，切忌出现一流产品、二流包装、三流价格的不对称包装现象。包装容器的规格、形状应根据产品特点及贮运、销售的需要来确定，以最大限度地提高产品的质量和经济效益。

第五，包装材料必须符合国家相关标准，无污染，易回收和处理。

138. 豆类蔬菜对长途运输过程有哪些基本要求?

豆类蔬菜在长途贩运过程中必须遵守如下基本要求。

(1)调节好温度和空气相对湿度等条件 运输期间的温度、空气相对湿度和气体成分要求与贮藏条件相同或相近。

(2)快装快运 豆类蔬菜是鲜活产品,为减少和降低运输期间产品的营养物质消耗和不适宜环境造成的损伤,要求快装快运,尽量缩短运输时间,使产品能尽快送到销售市场或贮藏库。

(3)轻装轻卸 豆类蔬菜含水量高,鲜嫩易腐,在搬运和装卸过程中稍有扔、丢,就会发生碰压而破损,加速产品的衰老、变质和腐烂。轻装轻卸可大大减少蔬菜的机械损伤和因机械损伤而导致的微生物侵染。

(4)防热防冻 不同种类的豆类蔬菜均有其贮运的适宜温度界限,运输环境温度过高,导致呼吸作用增强,促进衰老;温度过低,蔬菜容易遭受冷害或冻害。因此,不论使用何种运输工具,都要尽量调节温度达到或接近其适宜贮温。现代运输工具如机械冷藏车、冷藏集装箱等,都配备了降温和防冻装置。目前,我国南菜北运或北菜南运,还主要依靠火车、汽车和船只,普遍缺乏冷藏和保温条件。由于南北温差大,特别是冬季前后运输,在南方区域路段要采用加冰降温,在北方区域路段要覆盖草帘、棉毯等进行保温,才能使产品安全送到目的地。

(5)防晒防淋 豆类蔬菜在装卸和运输过程中还必须注意防日晒和雨淋。日晒会使温度升高,增强蔬菜产品的呼吸作用而发热,而日照强烈还会引起灼伤。雨淋会使蔬菜受潮,滋生微生物而感病,甚至霉烂。

139. 豆类蔬菜在运输装载时应注意哪些方面?

第一,盛装豆类蔬菜的容器(箱、筐等)须较好地保护豆荚不受伤害,应大小一致、整洁、干燥、牢固、耐压、透气、美观,无污染,无异味,内部无尖突物,外部无钉刺,无虫蛀、腐朽、霉变现象 ,纸箱无受潮、离层现象。

第二,应按等级分别包装,每批商品,其包装规格、单位重量须一致,每一包装净重不得超过 15 千克,每个包装单位净含量允许正负偏差不超过 5%;包装内的产品的可视部分应具有整个产品的代表性,同一件包装内产品应按同一顺序摆放整齐紧密,每一个包装内的产品应是在同一个地方生产、同一等级、同一规格的产品。包装上应标明品名、等级、重量、净重、产地、生产者、包装日期。

第三,在装运之前应将豆类蔬菜在 10℃的预冷库内预冷,如豆荚温度超过 20℃,须快速冷却至 10℃,不可在运输车内慢速冷却,否则将会加速豆荚腐烂。预冷后尽快装车运输。如预冷后不能及时运输,可在预冷库暂时存放,或转移到其他冷库贮藏,贮藏温度应控制在 12℃,空气相对湿度控制在 90%～95%。

第四,豆类蔬菜在冷藏车低温运输时应当合理堆放,让冷却空气能够合理流动,使货物间温度均匀,防止因局部温度升高而导致腐败变质。装载时须在保证蔬菜运输质量的同时,要兼顾车辆载重力和容积的充分利用。运输时要轻装、轻卸,严防机械损伤。运输温度须保持 11℃±1℃。处于运输过程的豆类蔬菜,空气相对湿度须保持 80%～90%,要采取相应的通风措施,及时排出豆荚呼吸所释放的不良气体。

第五,短途运输要严防日晒、雨淋;长途运输要注意采取防冻保温或降温措施,防止冻害或高温霉烂。

140. 荷兰豆有何贮运特性?

荷兰豆也称软荚豌豆、大荚豌豆,是豌豆的一个类型,以鲜嫩的豆荚供食用。豆荚易失水萎蔫,变黄老化,纤维增多,养分向豆粒转移，豆粒膨大，糖分转化为淀粉，氨基酸含量降低，致使籽粒硬化、荚皮变硬，品质下降，甚至变质腐烂。采收的鲜豆荚或嫩豆粒含水量都很高，在贮运过程中很容易造成品质劣变，采后应避免日晒和干风，尽量放在阴凉处，以防呼吸量增高而豆粒失去甜味及嫩度，使豆荚老化，品质退化。因此，采后要及时装筐并用湿巾或湿麻袋等盖上，尽快组织车辆运往加工厂进行预冷，迅速降温，抑制其生理代谢和养分消耗，延缓其老化过程。一般贮藏适宜温度为0℃，空气相对湿度为85%～95%。据研究表明，在温度为0℃，氧气和二氧化碳均为5%～7%的自发气调中贮藏20天，荷兰豆的可食品质比空气中贮藏的还要好。荷兰豆在低于6℃贮运时易发生冷害，高于14℃时豆荚则很快纤维化。在运输时最好用冷藏车或在货车顶上及箱外四周放碎冰降温，尽可能使温度维持在10℃左右。

141. 四棱豆有哪些贮运特性？

四棱豆以嫩荚及嫩梢供食用。嫩荚一般在8～10月份，分期采收上市。一般在花后15～20天，当荚果长宽定形但未鼓粒、嫩荚革质膜未出现、尚未纤维化；色泽黄绿，手感柔软时，是最佳采收期。在枝叶生长过旺时，可采收枝条最顶端约20厘米最嫩茎叶做菜用。尤其是生长中期以后，枝尖嫩绿光滑，幼叶未展开，其上着生一串花蕾，这时采收品质更佳。

四棱豆采收后应立即置于阴凉处，堆积不宜过多，要防雨淋日晒。在10℃左右空气相对湿度为85%～90%的条件下，可短贮。低于5℃易受冷害。运销过程中，需用筐或编织袋包装，防雨、防冻、忌挤压。

142. 芸豆有哪些贮藏特性？

芸豆较难贮藏，主要原因是在贮藏中表皮易出现褐斑，俗称

"锈斑"。采收后，豆荚易失水萎蔫，褪绿呈革质化。由于物质转移快，会使豆粒迅速膨大、豆荚老化，食用品质降低，具有明显的后熟作用。果皮易产生锈斑，影响芸豆的品质，严重时会失去食用价值。

芸豆呼吸强度较高，贮藏中容易发热和造成二氧化碳伤害，应特别注意菜堆或菜筐内部的通风散热，以免造成老化和锈斑增多。所以，芸豆堆或菜筐中必须设有通气孔，在筐内或塑料袋内还可放入适量的消石灰，以吸收二氧化碳。

(1)适宜的温度条件 对冷害比较敏感，常因温度过低造成冷害，一般在0℃～1℃下超过2天，2℃～4℃下超过4天，4℃～7℃下超过12天，都会发生严重的冷害。受低温冷害的芸豆若在高温环境下1～2天，表面就会产生凹陷和锈斑等变化。芸豆贮藏适温为8℃～10℃。贮藏温度低于8℃时，豆荚容易发生冷害；贮藏温度高于10℃以上时，易老化和腐烂。适宜的贮藏温度，是防止芸豆在贮藏中发生锈斑和腐烂的重要前提。

(2)适宜的二氧化碳浓度 芸豆是对二氧化碳较为敏感的蔬菜，二氧化碳过量积累是导致锈斑发生的重要因素。当贮藏室空气中的二氧化碳含量在1%～2%时，对锈斑产生有一定的抑制作用；二氧化碳含量超过2%时，会使芸豆锈斑增多，甚至发生二氧化碳中毒。因而，芸豆贮藏时，贮藏环境的二氧化碳浓度应小于2%。

(3)适宜的湿度环境 芸豆贮藏适宜的空气相对湿度为95%，保持高湿(空气相对湿度为90%～95%)有助于豆荚的保鲜和保绿。

(4)优良的芸豆品种及采收适期 合理选择芸豆的品种，也是贮藏的关键。在品种的选择上，要选择抗病性强、纤维少、荚嫩肉厚、品质好、商品性好的品种，如棍豆、青岛的架豆、东北的油豆等。

适时采收直接影响到芸豆的耐贮性，一般在豆荚刚长成、豆粒膨大至中等、荚壁未硬化时即可采收。若采收过晚，纤维增多，品质降低；采收过早，组织嫩不耐贮藏。

143. 豇豆有哪些贮运特性？

豇豆比芸豆长、嫩、脆，含水量更高，更易老化和腐烂，故比芸豆更难贮藏。高温下豆荚里的籽粒迅速生长，荚壳中的养分很快被消耗，导致豆荚迅速衰老、变软变黄、豆荚脱水皱缩、籽粒发芽，因此生产上多采用低温贮藏。一般在贮温为7℃～8℃、空气相对湿度为80％～90％的条件下，最长也只能贮藏2周。需贮运2周以上的要用冷库贮藏或冷藏车运输；贮运1周以内的可在箱外四周及车顶放置足够的碎冰，使产品保持在较低的温度下。

适时采收直接影响到豇豆的耐贮性，应以采收饱满、籽粒未显露的中等嫩豆荚为宜。太嫩的豆荚含水量高，干物质不充实，易失水；过老的豆荚，纤维化程度高，品质低劣，不能贮藏。采收时尽量不要损伤留下的花序及幼小豆荚。

144. 荷兰豆冷藏加简易气调法操作要点是什么？

荷兰豆在3℃～5℃条件下，经过12小时预冷后进入冷库贮藏，将筐装或箱装的荷兰豆码垛或直接放入货架上，然后用塑料薄膜罩上，利用荷兰豆呼吸消耗氧气，释放出二氧化碳，使罩内氧气浓度降低，二氧化碳浓度提高，进行简易气调贮藏。贮藏期间温度保持在0℃，空气相对湿度为85％～90％。初入库时每隔2天检查1次温度、湿度及气体成分，使气体中氧气含量为5％～10％、二氧化碳为5％，并及时掀揭、抖动塑料薄膜，通风换气。以后每隔5天检查1次，贮藏时间为15～20天，如发现豆荚开始发黄，应及时出售。

145. 豇豆采后处理要经过哪些环节？对各环节有何要求？

(1)预冷 采收的豆荚应尽快除去田间热，降低呼吸作用，采后要立即进行预冷，使豆温降至8℃～10℃。预冷的方法可采用自然冷却、风冷、人工冷库降温或真空冷却等。一般菜农产品少，条件有限，多采用自然冷却，或用鼓风机通风冷却。有条件的蔬菜基地或大批量生产的单位可建立人工冷库进行预冷，这样预冷快，效果好。

(2)分级和包装 预冷后对产品进行挑选、分级和包装。豇豆可用塑料筐或瓦楞纸箱包装，每筐(箱)装至容量的3/4即可，筐上部覆盖1层纸，然后放在冷凉条件下等待运输或贮藏。盛装同规格豇豆的容器(箱、筐等)应大小一致，整洁、干燥、牢固、透气、无污染、无异味。纸箱无受潮、离层现象。塑料箱应符合GB/T 8868中的有关规定。产品应按等级、规格分别包装。每批豇豆，其包装规格、单位净含量应一致。每一包装上应标明产品名称、产地、商标、产品的标准编号、生产单位名称、详细地址、等级、规格、净含量和包装日期等，标志上的字迹应清晰、完整、准确。

(3)运输 豇豆收获后应就地整修、分级，及时包装、运输。豇豆相对比较耐运输，只要不是震动摩擦太剧烈，一般的运输工具均可，短期运输过程中温度宜保持在4℃～8℃。运输时，应轻装、轻卸，严防机械损伤；防热、防冻、防冷、防雨淋。

(4)贮藏 豇豆属于喜温蔬菜，贮藏温度不能太低，以4℃～8℃为宜，空气相对湿度为80%～90%。在自然条件下，豇豆只能贮藏1周左右。在适宜的温湿度条件下可贮藏2～3周。临时贮存应在阴凉、通风、清洁、卫生的条件下，严防暴晒、雨淋、高温、冷冻、病虫害及有毒物质的污染。堆码时应轻卸、轻装，严防挤压、碰撞。冷藏时应按品种、等级、规格分别贮存。堆码方式应保持气流能均匀地通过垛堆。贮存库应有通风换气装置，确保温度和空气相对湿度的稳定与均匀。

146. 荷兰豆在采收、保鲜上有哪些技术要求？

(1)采收 根据豌豆荚的用途、豆荚壮粒程度灵活掌握采收日期。其采收标准应根据品种特性和消费者的需求而定。一般应在开花后8～12天，嫩荚充分长大，种子尚未成熟发育或刚刚开始发育，荚壁微凸起，纤维少，品质好，为采收适期，一般分3～4批采完。采收应在太阳升起前进行，因这时豆荚内的温度最低，含水量高。采收时用手或剪刀轻轻地将豆荚摘下或剪下，然后放在阴凉的地方，最好用湿毛巾或湿麻袋等盖上，以免体内水分损失。采收结束后应尽快组织车辆运往加工厂进行预冷、挑选及包装等处理。

(2)预冷 水预冷是嫩豆荚最好的预冷处理方法，使用专门的水预冷设备，预冷速度快、效果好，如果加工厂没有专门的预冷设备，可采用简单的水预冷方法进行，具体做法如下：将盛满洁净自来水的容器放入0℃冷库中约20小时，待水温达到1℃左右时将从田间运回的荷兰豆放入水中，并不断往水中加碎冰，保持水温在1℃左右，使豆荚温度尽快降至2℃左右。

在有冷库的地方，可以采用强制通风预冷的方法。将包装箱或筐分散放在冷库中，靠较强的冷空气快速排除田间热和呼吸热，使产品体内温度很快降至2℃以下，采用这种预冷方法最好事先往筐内喷洒少许清水，以防失水过多发生萎蔫，并应掌握时间尽可能短，一般掌握在6小时以内。为延缓食荚豌豆衰老，也可先用20毫克/升的BA保鲜剂喷雾处理，再装入用漂白粉消毒过的容器，并进行预冷。为保证预冷质量，包装应采用四周带孔的纸箱或塑料筐，这样有利于冷空气的进入和热量的散出，严禁使用塑料袋、布袋和麻袋包装，每个包装以10千克为宜。

(3)挑选及包装 预冷完成后即进行挑选，挑选应在环境温度较低的地方进行，根据上市和客商的要求标准进行，捡出虫害、病害荚、断荚及老熟硬化荚，挑选过程应细心，以免造成过多的机械伤。挑选完成后应立即进行包装，如不能马上外运也应先用塑料薄膜或塑料袋进行预包装，注意袋口不要密封，以免二氧化碳积累过多造成伤害。

包装材料应是新的、清洁，不能对产品造成污染，对人体无害，并具有足够的强度，一般选用防水纸箱或塑料箱，产品出口包装最好采用泡沫塑料箱，其规格一般为50厘米×30厘米×30厘米。塑料箱内部需用较薄的包装纸或薄膜作为内包装，既保湿又保温。每批包装应是同一地区生产、同一品种、同一等级和规格的产品。每个包装单位净含量为5～8千克，允许正负偏差不超过5%。包装箱上应有明显的标识，内容包括：产品名称、等级、规格、产品执行标准编号、生产者及详细地址、产地、净含量和采收、包装日期。冷藏保存的，应注明保藏方式。标注内容要求字迹清晰、完整、规范。但不论使用哪种包装箱都应在包装前将包装箱放入冷库中冷却。

为了保持运输过程和流通过程中的低温环境，保持商品质量，需要在包装箱内加冰，加冰量应占货物总重量的1/5，装冰块的袋口要封好，严禁漏水，冰袋放在产品中间，加冰最好在启运前进行。

(4)贮藏或运输 预冷温度降至0℃～5℃后，便送入5℃以下冷库中贮存。每隔2～5天检查1次，随时保持低温并及时通风换气。若产品包装预冷后即可外运销售，也需要短期贮藏，其条件是：温度为0℃左右，空气相对湿度为95%左右。使用冷藏车或冷藏集装箱运输时，要在装车前将温度降至0℃，装卸时间越短越好。

147. 芸豆贮藏保鲜方法主要有哪几种？

(1)低温贮藏 下霜前采摘不老不嫩的芸豆，立即进行预冷，除去田间热，装入筐中，每筐装15千克豆荚为宜，筐顶上覆盖1层纸。包装好的芸豆入库码成垛，每垛40～50筐，然后在垛上覆盖蒲席或塑料薄膜，防止水分散失。库内温度保持在4℃～6℃，空气相对湿度为80%～90%，在这样的条件下，可以贮存保鲜1个月左右。用于贮藏的芸豆，最好选择纤维少、不易老化和豆荚肉厚、耐热、耐病性强的品种。

(2)冰窖贮藏 先在贮藏架上铺1层苇席，四周再用苇席围起，将芸豆摆放在里面。芸豆的摆放厚度一般为30～40厘米，每隔1～1.2米竖放1个用苇帘卷成的或竹子编成的通气筒，以利于通风散热。芸豆表面应盖湿蒲席等，每隔5～7天翻动1次。

(3)通风窖贮藏 芸豆装入荆条筐或塑料筐中入窖贮藏。为了防止水分散失，可先用塑料薄膜垫在筐底及四周，塑料薄膜应长出筐边，以便装好芸豆后能折回将豆盖住。在菜筐四周的塑料薄膜上打20～30个直径为0.5厘米左右的小孔，小孔的分布要均匀。在菜筐中间放2个竹子编成的直径为5厘米的圆柱形通气筒，以利于气体交换，防止二氧化碳过多积累。每筐芸豆约装八成满，通气筒约露出芸豆3厘米。筐装好后放在菜架上。

芸豆入窖初期要注意通风，调节窖内温度，使窖温控制在8℃～10℃，一般是夜间通风降温，应打开塑料薄膜通风散热。每隔4～5天对芸豆进行1次检查，贮藏15天以后则须天天查看，发现问题及时处理。

(4)冷库贮藏 将芸豆装筐进行预冷处理后入冷库，在库温为11℃±1℃、空气相对湿度为90%～95%的条件下贮藏。贮藏中要注意通风换气，防止二氧化碳浓度过高而引起芸豆中毒。

(5)气调贮藏 将芸豆10～15千克装入垫有蒲席的筐(筐与蒲席事先用0.1%漂白粉水刷洗并晾干)内，然后用0.1毫米厚的聚乙烯塑料薄膜套在筐外，薄膜上留有气孔，袋口的一端左右两个角各放0.25千克消石灰，并用绳子扎紧。用氮气将氧含量降至

5%，每日用仪器测定袋中氧气和二氧化碳的含量。如果氧气含量低于2%，须从气孔充入空气使之升至5%；如果二氧化碳含量高于5%，须解开消石灰袋，抖出消石灰，使之进入筐外的底部以吸收多余的二氧化碳，控制筐内的氧气和二氧化碳含量保持在2%～4%。如库温比较恒定地保持在12℃～15℃，袋的内壁不出现水气，芸豆可贮藏30～50天；如果袋内有水气，芸豆会出现锈斑，但种子并不长大，豆荚也不会纤维化。在良好的控温库中，采用气调贮藏塑料袋小包装的芸豆，贮藏期可长达60天。

(6)无滴膜帐贮藏 以无滴膜制作贮藏帐，帐的大小因贮量而定，一般每帐贮藏200千克，帐的大小为1～1.2米×0.8～1米，帐内用消毒过的竹竿作支撑。帐面上焊接硅窗调气口，调节帐内湿度，以免湿度太大，引起腐烂。贮藏的容器最好用塑料筐或竹筐，装量距上口8～10厘米，以利于气体流通。码筐时，筐与筐之间、筐与帐膜内壁之间都要留有间隙，筐上用消毒过的砖或木架支撑。筐与地面的距离一般为5～10厘米，筐下用饱和的高锰酸钾溶液浸泡。每隔4天检查1次。该法贮藏的芸豆，保鲜期一般为20～30天。

(7)氮气调节贮藏 用消毒过的筐，内垫蒲包，每筐装15千克豆荚，约占筐容积的一半。筐外套上0.1毫米厚的聚乙烯塑料袋，袋子要有换气孔，袋口用绳子扎紧密封。输入工业氮气降低筐内氧含量，使氧含量从21%降低至5%。如氧含量低于2%时，从气孔放入空气使氧含量升至5%；如二氧化碳含量超过5%时，充氮气调节至1%。库房温度保持在10℃左右。在这种条件下可保鲜30～50天。

148. 毛豆鲜荚保鲜贮藏有何技术要求？

毛豆鲜荚保鲜贮藏主要以冷藏保鲜和气调贮藏保鲜。采收后通过预冷方法（可水冷或冰冷），使豆荚中心温度降至5℃，并贮存于5℃低温库内，可保持2～3天鲜嫩；当温度为0℃时，保存时间可更长，随着保存时间增长，豆荚褐变，但豆粒品质仍较好。因此，生产上多采用豆荚低温贮存，上市前剥壳包装销售。毛豆荚保存的最适温度为0℃，15℃以下常温可保存10～20天。

149. 四棱豆贮藏有何技术要求？

四棱豆鲜荚很容易腐烂，对冷害很敏感，采摘后应迅速预冷，并置于低温环境中贮藏，适宜贮存的温度为10℃～12℃，空气相对湿度为95%。在家庭冰箱7℃～8℃条件下贮藏，保质期为5～7天。

八、安全生产与豆类蔬菜商品性

150. 豆类蔬菜安全生产技术的含义是什么?

豆类蔬菜安全生产技术是指在无污染的环境中采取适当的方法种植豆类蔬菜。在生产过程中,合理使用低毒、低残留的化学农药和化肥,上市时蔬菜农药残留量、硝酸盐以及各种有害物质的含量都符合国家规定的卫生标准。

151. 豆类蔬菜安全生产要抓好哪几个环节?

(1)选择无污染的地块作为豆类蔬菜生产基地 应选择大气、水质、土壤无污染的地域作生产基地,如果土壤被污染,则土壤中的有害物质就有可能或多或少地被蔬菜吸收,造成有害物质对蔬菜的污染。

(2)选择优良品种 选择抗旱,产量高,抗逆性强,品质好的优良品种是达到豆类蔬菜安全生产的重要环节之一,这能有效提高豆类蔬菜的抗病减灾能力,减轻豆类蔬菜病虫害的发生和危害,从而减少农药的使用。

(3)种子和土壤的消毒处理 种子消毒能有效杀灭种子表面的病原菌,土壤消毒能有效杀死土传病害、地下害虫及恶性杂草。豆类蔬菜种子处理有热水烫种消毒、药液拌种、日光晒种和冷浸日晒等措施,目前常用的种子消毒方法是用高锰酸钾、多菌灵或50℃左右的热水浸种;常用的土壤消毒方法是用溴甲烷熏蒸处理土壤。该方法在草莓、西瓜、蔬菜的种植中有应用,土壤熏蒸后,待药剂发散后才可播种,否则容易产生药害。

(4)加强栽培管理 采用大温差育苗法，能提高秧苗的抗逆性，减少病害发生。移栽前 7 天进行低温或变温锻炼，以加强秧苗的抗性。根据豆类蔬菜作物的吸肥特性进行有针对性的施肥，并做到平衡施肥，要以有机肥和符合无公害标准的蔬菜专用肥为主，控制化肥用量，重施有机肥，应以施入高温发酵，充分腐熟好的优质有机肥为主，禁止使用硝态氮肥，有机肥与无机氮之比为 1∶1。豆类蔬菜浇水时一定要先把水晒热后再浇。棚室豆类蔬菜生产要采用低压软管滴灌等技术以减少水分蒸发。

(5)病虫害防治 棚室内可悬挂黄色机油板诱杀蚜虫及白粉虱，露地豆类蔬菜可用黑光灯、频振杀虫灯等诱杀夜蛾、豆荚螟等。利用丽蚜小蜂、赤眼蜂、七星瓢虫等以虫治虫，利用苏云金杆菌等以菌治虫。选用高效、低毒、低残留的农药，严禁使用高毒、高残留和可能致癌的农药。不能超量使用农药，农药用量越大，在土壤和蔬菜中的残留量也越大。要严格按照农药使用安全间隔期限使用农药，绝大多数农药品种都有 7～15 天安全间隔期，只有经过这段时间，蔬菜上的农药残留量才能达到对人体无害的程度。

152. 安全和较安全级农药类型有哪些？

(1)拟除虫菊酯农药 这类农药用量低，属低毒和中毒，在环境中消解较快，蔬菜上消解半衰期一般为 2～3 天。

(2)几丁质合成抑制剂 具有高效低毒的特点，用量一般均在 75 克/公顷以下，大白鼠经口 LD_{50} 均大于 2 000 毫克/千克，其中有些具有虫螨兼治的作用。该类农药残效期长，相应在蔬菜上的残留期也较长。

(3)低毒而无“三致”作用的有机磷农药 这类农药如马拉硫磷、辛硫磷、甲基辛硫磷和乙酰甲胺磷等。这些农药，一般在蔬菜上的残留量较低。但有不少有机磷农药或急性、毒性高，或具有潜在的“三致”作用而不能进入安全和较安全农药之列。

(4)新开发的杀虫剂 此类农药一般暂缺乏完全的评价，但从它们的低毒、低用量和无“三致”作用的阳性试验结果，可估计它们为安全或较安全级杀虫剂，如吡虫啉、氟虫腈、虫满腈、丁醚脲、啶虫脒、抑食肼、吡螨胺等。

(5)无“三致”作用的杀菌剂 在蔬菜生产中常用的安全和较安全级杀菌剂有甲基硫菌灵、甲霜灵、乙烯菌核利、三唑酮、异菌脲、多菌灵、菌核净、噻菌灵、菌毒清、DT杀菌剂和双效灵等。

(6)无“三致”作用且对蔬菜作物欠敏感的除草剂 在蔬菜生产中常用的安全和较安全级除草剂有敌草胺、除草通、异丙甲草胺、乙草胺、丁草胺、喹禾灵、精喹禾灵、精稳杀得、烯禾啶和百草枯等。磺酰脲类除草剂虽然用量低，但因对一些蔬菜敏感而不宜使用。

(7)生物源农药 大部分微生物源农药为安全和较安全级，如苏云金杆菌、青虫菌和诸多的农用抗菌素，但也有急性毒性高的，如爱力满克，其原药大鼠经口 LD_{50} 为 10 毫克/千克。当前很重视植物源农药的开发，楝素、藜芦碱、苦参碱和茼蒿素等属毒性低、用量少的植物源农药杀虫剂。

153. 豆类蔬菜安全生产中如何科学施肥？

(1)经济合理施用肥料，禁止过量施用 合理施肥是改善蔬菜品质的重要途径，过量施用肥料尤其是过量使用氮肥不但容易造成肥料浪费，还会造成烧苗现象；同时，也是导致蔬菜硝酸盐含量超标、品质下降的重要原因。多次施入氮肥，还容易造成土壤盐渍化。

(2)严格执行氮肥施用安全间隔期 蔬菜吸收氮肥后在体内先是以硝酸盐的形式存在，需要过一段时间才能完全被转化利用。如果在刚施用氮肥后不久就收获产品，产品内的硝酸盐往往会严重超标。一般认为，追施氮肥 8 天后为蔬菜上市的安全期。

(3)大力增施有机肥 重施有机肥料是蔬菜高产稳产的物质基础,多施用有机肥可以显著降低蔬菜中硝酸盐的含量。此外,施用沤制的堆肥和生物肥料,还可以改变土壤耕作层微生物区系,抑制有害病原菌,减少作物病害。

(4)严禁施用未腐熟的有机肥 未腐熟的有机肥往往带有大量的病菌、虫卵及杂草种子,而且未腐熟的有机肥在田间发酵时容易产生有害气体,可能造成烧根现象,有时叶片甚至整个植株都有可能受到危害。

(5)要合理搭配不同氮肥品种的比例 一般来说,从产量与品质两方面综合考虑,氮肥品种以铵态氮与硝态氮各半的硝酸铵为最佳。

(6)正确施用城市生活垃圾肥料 在一定情况下,使用城市生活垃圾作为肥料是安全的,但要防止金属、橡胶、砖瓦石块等的混入,还要注意垃圾中所含有的重金属和有害物质不能超标。使用的城市生活垃圾必须经过无害化处理,达到标准后方可使用。每年每单位面积上的使用量应有所限制,要求每667平方米黏性土壤施用量不超过3 000千克,沙性土壤不超过2 000千克。

(7)积极使用新型肥料 有条件的地区提倡推广使用涂层尿素、长效碳酸氢铵、可控缓释肥料、包裹农药肥料、根瘤菌肥、多元复合肥以及微生物肥料等新型肥料。许多新型肥料对延长肥效期、减少肥料浪费、降低蔬菜中的硝酸盐含量和改善产品品质有明显效果,应积极使用,但在使用时应严格按使用说明书的要求进行操作。

(8)推广平衡(配方)施肥技术 氮、磷、钾平衡施肥可以增加肥效,节约肥料,还可以增强蔬菜的抗病性,改善产品品质,有效降低蔬菜体内硝酸盐的含量。

(9)注意进行叶面喷施多元微肥 近年来,我国农田缺乏微量元素的面积日益增多,因此施用微量元素肥料的效果日趋显著。

在合理施用氮、磷、钾肥的基础上，合理施用微肥，不仅能使蔬菜增产，而且能明显降低蔬菜硝酸盐含量，提高维生素 C 和糖分的含量。叶面喷施微肥，除了具有用量少、成本低、见效快和不污染的优点外，还可避免由于土壤施肥不均匀致使局部土壤肥料浓度过高而产生肥害的危险。

(10)铵态氮肥不能与碱性肥料混施 碳酸氢铵、硫酸铵、硝酸铵、磷酸铵等铵态氮肥遇到碱性物质，会造成氮的损失，因此，切忌与草木灰、窑灰、钾肥等碱性肥料及石灰氮等混合施用。

(11)碳酸氢铵不宜在温室和大棚内施用 碳酸氢铵有“气肥”之称，在温室和大棚内施用易迅速分解为氮气而挥发，并能造成氮气污染。

(12)硫酸铵不宜长期施用 在一块土地上长期单独施用硫酸铵，会增加土壤酸性，破坏土壤的物理结构。

(13)含氯化肥忌长期单独施用 长期单独施用氯化钾，会使土壤氯离子积累增多，导致土壤养分结构破坏和土壤酸化。

此外，购买的商品肥料及新型肥料必须通过国家有关部门的登记认证及生产许可，质量指标应达到国家有关的标准要求。

154. 豆类蔬菜施用农药引起的药害分为哪几种类型？

豆类蔬菜施用农药引起的药害分为急性药害和慢性药害两种。急性药害，一般在喷药后几小时至几天内即出现疱状，叶片出现斑点、条纹、变黄、变红紫、变形、卷缩、焦枯、落叶等；种子发芽率降低，幼根粗短肥大，缺少根毛等；荚果变色、畸形、花瓣焦枯、落花、落荚等。急性药害发展得快，如果豆苗受害，叶片很快就被烧伤，以致全株枯死。慢性药害，在施药后经过较长时间才会出现，一般表现为光合作用减弱，植株生长缓慢，花芽形成及荚果变小，风味及色泽恶化等。

155. 豆类蔬菜施用化学农药必须遵守哪些原则?

(1)严格控制农药品种 严禁使用甲胺磷等高毒、高残留农药。

(2)严格控制施药次数、浓度、范围和剂量 病虫害能局部处理的绝不普遍用药而扩大用药面积,通常菊酯类杀虫剂使用浓度为2 000～3 000倍液,有机磷杀虫剂为1 500～2 000倍液,激素类为3 000倍液左右,杀菌剂为600～800倍液。在有效的浓度范围内,每667平方米喷施药液15～20升即可。如果杀虫效果85%以上,防病效果70%以上,即称为高效,切不可盲目追求防效而随意增加施药次数、浓度和剂量。

(3)严格执行农药安全间隔期 豆类蔬菜中农药残留量与豆类蔬菜收获时离最后1次施药间隔的时间长短关系很大,间隔时间越短,则残留量越多。每种农药都有各自的安全间隔期,一般允许使用的菊酯类杀虫剂为5～7天,有机磷杀虫剂为7～10天(少数14天以上),杀菌剂中百菌清、多菌灵、代森锌、代森锰锌要求为15天,其余均为7～10天。

(4)要讲究用药方法 提倡不同类型的农药交替使用,以延缓病虫抗药性的产生。准确选择最佳防治时期及时用药,选用低容量和小孔径(0.1毫米)喷雾技术以提高药效,在设施内推广烟雾剂和粉尘剂农药以降低空气相对湿度等,尽量用最少的农药获得最大的防效。

156. 豆类蔬菜安全生产禁用的剧毒高残留农药有哪些?

(1)国家明令禁止使用的农药 六六六、滴滴涕、毒杀芬、二溴氯丙烷、杀虫脒、二溴乙烷 、除草醚、艾氏剂、狄氏剂、汞制剂、砷、铅类、敌枯双、氟乙酰胺、甘氟、毒鼠强、氟乙酸钠、毒鼠硅 。

(2)高剧毒、高残留农药 甲胺磷、甲基对硫磷(甲基1605)、对硫磷(1605)、久效磷、磷胺、甲拌磷(3911)、甲基异柳磷、特丁硫磷、甲基硫环磷、治螟磷(苏化203)、内吸磷(1059)、克百威(呋喃丹)、涕灭威、灭线磷、硫环磷、蝇毒磷、地虫硫磷、氯唑磷、苯线磷、杀螟威、异丙磷、三硫磷、氧化乐果、磷化锌、磷化铝、氰化物、砒霜、西力生、赛力散、溃疡净、氯化苦、五氯酚钠、401、氯丹、水胺硫磷等。

(3)高毒有机磷农药的混配制剂 农业部规定,自2004年6月30日起禁止销售和使用含甲胺磷、对硫磷、甲基对硫磷、久效磷和磷胺5种高毒有机磷农药的混配制剂。

157. 豆类蔬菜安全生产对有机肥施用有何要求?

在豆类蔬菜安全生产中,可根据不同种类有机肥特性、不同品种的生长规律和需肥特点、土壤特性和供肥能力来确定有机肥的施用方法和施肥量。

(1)施肥方法

①基肥使用 作基肥用的有机肥主要可采用撒施、条施或穴施等方式。撒施方式是在蔬菜前茬作物收获后,后茬作物种植前整地时结合土壤翻耕时施入,均匀撒施在土壤表面后,翻耕入土壤20厘米左右,然后再整地做畦。条施或穴施是在土壤耕翻整平后,在畦面中间开1条沟(或开穴),将有机肥均匀撒施入沟(或穴)中,然后用土覆盖,整平做畦。

②追肥使用 在作物的生长过程中,可进行条施,施用时应注意肥料不要离作物根部太近。精制商品有机肥作追肥既可条施也可穴施。

(2)施肥种类和数量

①堆肥、沤肥、厩肥 一般作基肥使用,可结合翻地时施用,要求与土充分混合,做到土肥相融。堆肥、沤肥、厩肥的施用量一般为每667平方米2 500～4 000千克。

②精制商品有机肥　一般作基肥使用，可采用撒施、条施或穴施等方法。精制商品有机肥对改善土壤理化性状有明显作用，在豆类蔬菜生产中应大力提倡使用，但考虑到生产成本，一般每667平方米用量在300～1 000千克，土壤状况较差的可适当增加用量。

158. 如何防止或减轻硝酸盐的污染？

(1)大量施用有机肥　施用有机肥料可减少硝酸盐积累，其原因：一是生物降解有机质，养分释放缓慢，适于蔬菜养分的吸收；二是有机质可促进土壤中反硝化过程，减少土壤中硝态氮的浓度。

(2)控制氮肥的施用量，慎施硝态氮肥　蔬菜最喜欢硝态氮肥。但为了生产高质量的无公害蔬菜，也为消费者的身体健康着想就不能施用硝酸钙、硝酸铵或硝酸钾等硝态氮肥，它们都极易使蔬菜累积硝酸盐和亚硝酸盐。平常可使用硫酸铵和尿素代替，毕竟有机肥加化肥是目前最高效的施肥方式，但注意化肥一定要盖土，防止养分流失。有机肥没有硝态氮肥，且使蔬菜有“菜”味，品质好，耐贮，已成了生产高级别健康蔬菜的必选。如果要施氮肥，就要注意以下技巧：用氮肥的量最好根据菜田土壤的速效氮的多少来施，防止过量施用氮肥，应深施，浅施的化肥易与空气接触，在空气细菌的作用下氧化成硝酸盐，深施氮肥既能减少肥料挥发损失、延长供肥时间，还可减少硝酸盐积累。

(3)因季节施肥　同品种的蔬菜在不同的季节气候条件下栽培，产品中的硝酸盐含量差异很大。在高温多日照季节生长的夏秋菜硝酸盐含量较低，低温少日照季节生长的冬春菜硝酸盐含量较高。虽然低温季节使用塑料大棚和地膜覆盖对保证市场供应带来好处，但同时也带来了土壤盐分的积累，加重了硝酸盐污染的危险。所以，在生产中，应增加大棚内的光照强度和时间，适当地增加揭棚的次数和时间，从而达到减少蔬菜产品中硝酸盐含量的目的。

(4)注意局部施氮、后期控氮、分次施氮 氮肥在蔬菜的生育早期和中期施用对蔬菜产品的硝酸盐积累影响要小一些，采收期间施用氮肥可造成蔬菜产品中的硝酸盐大量积累，所以在蔬菜生育后期最好少施或不施氮肥。另外，在菜田中施用钙肥如生石灰、硝酸钙等也可降低蔬菜产品中硝酸盐的含量。

(5)因地施肥 对菜田实行测土施肥，以期实现精确施肥的目标。经过土壤元素测定后，肥力高、有机质丰富的不施化肥，肥力低的(硝酸盐累积较轻)可适量施化肥，氮、磷、钾合理搭配，但仍以有机肥为主，还可培肥地力。

(6)严格执行氮肥施用安全间隔期 这是一个非常重要而菜农容易忽视的问题。研究表明，蔬菜中的硝酸盐含量，一般规律是生长前期大于生长后期或成熟期。蔬菜收获越早，蔬菜体内硝酸盐含量越高。因此，在保证产品的商品品质和运输质量的前提下，适当延迟采收，将有利于降低蔬菜的硝酸盐含量。特别是蔬菜后期，追施氮肥与收获期间隔的时间长短对蔬菜硝酸盐含量的影响很大。有研究表明，追施氮肥后8天左右为蔬菜上市的安全期。这是因为蔬菜吸收的氮素，不管是铵态氮还是硝态氮都需要一个转化过程，当它们形成氨基酸和蛋白质以后，体内硝酸盐含量自然就会下降了。

(7)增强光照 保证正常光照是硝酸盐在植物体内同化，并降低生长期浓度的决定条件之一。露地和保护地条件下，光照度降低20%，蔬菜硝酸盐含量会增加150%。

159. 防止重金属对商品蔬菜的污染有哪些具体措施?

(1)禁止使用未经处理的工业污水灌溉菜田 据研究，某市多年用污水灌溉的菜园，土壤中有机质、全氮、全磷、速效性氮磷养分含量都比清水灌区有明显的增加。但必须指出的是，污水灌区土壤中的重金属铅、镉、汞含量比清水灌区也有明显增加。一旦重金属元素进入食物链，后果极其严重。所以，为了防止重金属对蔬菜的污染必须禁止使用未经处理的工业污水灌溉菜田。

(2)污泥不宜直接施用 污泥是污水经生化处理后的固体废物。它的成分复杂，既含有大量有机物质和各种营养元素，但也含一定量的病原菌、寄生虫卵、重金属以及某些难分解的有毒的有机化合物。所以说，污泥应事先经过必要的处理，未经处理的污泥不宜直接施用。

160. 在豆类蔬菜病虫害的防治方面，除了采用农药防治以外，还有哪些更有效的方法？

(1)农业综合防治

①选用优良抗病、抗虫品种 针对当地的生态环境特点和病虫害发生情况，选择抗病虫及抗逆性强、商品性好的丰产品种，以避免某些重大病虫害发生。

②轮作倒茬 栽培中实行轮作和间、混套作，使病原菌和虫卵不能大量积累，以起到控制病虫害发生的作用。

③加强田间管理 对蔬菜种子进行播前消毒处理，减少种子带菌；定植前清除病株杂草，并进行土壤消毒，减少病虫基数；使用营养钵育苗防治土传病害；适时播种，合理密植，及时中耕，提高植株的抗病性；及时搭架整枝，以利于通风透光，摘除老叶病叶，带到田外集中销毁，减少病原；采用二层幕、小拱棚、遮阳网等设施调节棚内温度，创造适于蔬菜生长的环境条件；采用膜下滴灌降低空气相对湿度，减少病害传播；适当增施磷、钾肥，可提高作物抗病性，提高蔬菜品质；及时采收，轻拿轻放，防止因机械损伤而造成采后的产品污染。

(2)生物防治 生物防治包括以下几方面内容：一是利用天敌来消灭害虫，如大量繁殖、释放草蛉消灭蚜虫，利用姬小蜂的寄生性消灭斑潜蝇等；二是利用细菌、真菌、病毒消灭害虫，常用的有白僵菌、绿僵菌、苏云金杆菌(Bt)、病毒A等；三是利用抗生素杀虫灭菌，如阿维菌素、新植霉素等；四是利用昆虫外激素及内激素来诱杀、迷向、调节蜕皮变态，如氟虫脲、氟啶脲等；五是利用植物性杀虫剂消灭害虫，如苦参碱等；六是利用无毒害的天然物质防治病虫害，如草木灰浸泡液可防治蚜虫。

(3)物理防治 通过调节温度、光照等物理措施或利用人工和器械杀灭害虫。例如，采用高温闷棚杀灭棚室豆荚螟的蛹、幼虫；用遮阳网降温预防病毒病；覆盖防虫网阻隔害虫迁飞；用黄板诱杀蚜虫、白粉虱；用糖醋液、黑光灯、频振式杀虫灯诱杀害虫；用银灰色反光膜驱避蚜虫；人工摘取病叶、病荚及害虫的卵块、捕捉幼虫集中销毁等。

161. 在豆类蔬菜生产中怎样做到安全用电?

电力在农业生产中主要应用在电动农机具和照明上，尤其电动农机具的使用具有移动性强、操作环境简陋的特点。因此，要保证人身安全和农机具正常使用，必须严格按照使用说明书要求操作电动农机具。

(1)自觉遵守安全用电规章制度 无论是集体或个人，需要拉接临时电线时，都必须经供电局同意，由电工安装，禁止私拉乱接临时电线，临时电线要采用橡皮绝缘线，离地面不低于2.5米，并且要专人管理，用过后要及时拆除。在潮湿的地方用电，应采用防雨、防潮的灯具、开关和插座，使用电缆线或有接头的护套线作为电源线。另外，还要加装漏电保护器，湿手不得触及电气设备或更换灯泡，线不能碰金属支架。

(2)温室大棚内要注意用电时间的合理调剂 温室大棚内不能较长时间用电，要注意用电安全，注意防火、防爆。用电时间较长时，必须有专人看管，按时开关。

(3)不得超负荷用电 要根据用电设备的功率(瓦数)，按照用电规则安装供电线路。如果用电设备离电源较远，应在附近单独安装双刀开关和熔断器。尤其要注意用电设备功率不得大于供电设备，如果保险丝经常熔断，应由电工查明原因，排除故障。

（4）正确安装电动农机具 电动农机具的安装，必须由专业电工完成。安装要符合安装要求，电线接头要牢靠，并用绝缘胶布包好，不能使用有裂纹或破损的开关、灯头和破皮的电线。电动农机具的金属外壳必须有接地装置。这样，万一农机具的金属外壳带电，电流就会通过地线流入地下，从而避免人触电事故的发生。使用单相电动机的农机具，要安装灵敏可靠的低压触电保护器。这样在发生事故时就能自动切断电源，使触电者脱离危险。长期未用或受潮的农机具在投入使用前，应进行试运转。如果供电后不运转，必须立即拉闸断电，以防止烧坏电机和危及人身安全。

（5）电动农机具不得带电移动、检修 电气设备移动或发生故障检修时，必须切断电源，不得带电作业。同时，要悬挂“禁止合闸”、“有人工作”等警告牌，或派专人看守，以防有人误将闸刀合上。带金属外壳的电气设备移到新的地点后，要先安装好接地线，并对设备进行检查，确认设备无问题后，才能开始使用。电气设备使用时，发现电压异常升高，或发现用电设备有异常的响声、气味、温度、冒烟、火光，要立即断开电源，再由专业电工进行检查或灭火抢救。万一发生火灾，如果不能停电，应用盖土、盖沙的办法灭火。一定不要泼水灭火，以防触电。如果有人触电也要立即切断电源再救人，利用木棒等绝缘体将电线挑开，切不可用手拖拉触电者，否则拖拉者也会一起触电。

（6）安全照明 照明线不要过长，灯头离地面应不小于2米。灯头应固定在一个地方，不要拉来拉去，以免损坏电线或灯头造成触电事故。在灯泡开关、熔丝和电线附近，不能放置油类、棉花、木屑等易燃物品，以防发生电气火灾。如果发现有烧焦橡皮、塑料的气味，应立即拉闸停电，查明原因妥善处理后，才能合闸。

(7)保护好输电设备 不要在电杆和拉线附近挖土,不要把牲畜拴在电线杆或拉线上,更不要在电线杆和拉线附近放炮崩土或在电线上晒衣服、挂东西,以防电线杆倾斜、电线相碰、崩伤或崩断电线,甚至发生倒杆断线事故。电线下方不要盖房子、堆柴草、打场和立井架。修房屋或砍树木时,对可能碰到的电线,要拉闸停电。砍伐树木时,应先砍树枝后断树干,并使树干倒向没有电线的一侧。地埋电力线埋设深度不应小于 1 米,平整土地和拖拉机、插秧机田间作业时,应特别注意不要碰断地埋线。此外,还要防止藤蔓、瓜秧、树木等接触电线。发现落地的电线时,要离开 10 米以外,更不要用手去拾。同时,要设法看护落地的电线,并请电工来处理,以防他人走进而发生触电。

(8)具有良好的用电习惯 做到人走断电,停电断开关,触摸可能带电的壳体用手背,维护检查要断电,断电要有明显的断开点。发现异常时要立即断电。出现雷雨时,不可走近高压电线杆、铁塔、避雷针的接地线和接地体周围,以免因跨步电压而造成触电。

(9)严禁使用代用品 不能用铜丝、铝丝、铁丝代替保险丝,不能用电话线等信号传输线代替电源线,不能用医用白胶布代替绝缘黑胶布,不能用漆包线代替电热丝自制电热褥等。

(10)电器设备引发火灾要采取正确灭火措施 如发现电器设备有障碍或漏电起火,首先要立即切断电源开关,然后再采取灭火措施。在未切断电源前,绝不能用水或酸、碱泡沫灭火器进行灭火。

162. 怎样做才能提高温室内的温度,有效地预防冷害、冻害发生,做到安全生产?

在严寒季节,进行蔬菜设施保护地栽培,低温、特别是夜间低温是温室生产的最不安全因素,是造成冷害、冻害,影响蔬菜生长发育的主要制约因素。如何增强作物的抗寒、抗冻害性能，提高设施内的温度，保持适宜的昼夜温差，是安全生产、获取高产高效的最基本条件。主要措施如下。

(1)建设性能良好的温室设施 其温室外有保温保护层、内有完整的防寒沟、砖包复合孔穴墙体、内撑外压、结构合理、透光率高、增温快、保温性能良好。

(2)提高作物自身的抗逆性和自我保护能力 作物自身具有较强的抗寒、抗冻等抗逆性能，对于在温室栽培中，抵御冷害、冻害的发生具有特殊的意义。提高作物自身抗逆能力的方法：一是选用耐低温、抗逆能力强的品种；二是种子催芽时进行低温锻炼，提高幼苗对低温的适应能力。

(3)高垄畦栽培 起高垄畦栽培，可显著增大土壤表面积，使土壤的受热面积增大40%左右，土壤吸收热量多，增温快，地温高，热土层厚，蓄积热量多。地温高，不但有利于作物根系的发育、提高根系的活性，达到根深叶茂、生长健壮的目的，而且较高的土壤温度在夜间又能释放较多的热量，稳定夜间温度，减少冷害、冻害的发生，一般垄畦高度，应达到25厘米左右。

(4)全面积覆盖地膜 地膜覆盖后，能显著地提高土壤的温度和保水能力。土壤全面积覆盖地膜后，抑制了土壤水分的蒸发，从而减少了温室热量的损耗，提高和稳定了温室温度。

(5)严密封闭，消除孔隙散热 若温室封闭不严，存有孔隙，则室外冷空气、室内热空气，可直接通过孔隙进行空气对流传递热量，使热量损失。造成温室孔隙的原因：一是薄膜破碎；二是因压膜绳拉得不紧，造成薄膜呼扇。薄膜呼扇时能快速吸进冷空气、压缩排除室内热空气，引起室内快速降温。因此，必须把每根压膜绳拉紧、系结实，防止有风时，薄膜呼扇和拉开薄膜之间的压缝，引起内外空气快速交换，造成温室内急速降温；三是墙体存有缝隙，门窗封闭不严。要注意把每个砖缝、孔隙处理严密，并要把门窗处理好，防止存有缝隙，形成空气对流，引起热量散失。

(6)提高不透明覆盖物的保温质量 目前，最常用的不透明保温层有草苫、防水纸被等。用草苫覆盖，要注意选择厚度达5厘米左右、编织紧密、缝隙极少的稻草苫。草苫外面还须加盖一层塑料薄膜。防水纸被是比草苫更为优良的保温覆盖材料，它是用3层防水牛皮纸，内夹一层瓦楞纸制成，其内夹有一层不流通的空气，导热系数极低，并且防辐射传热，用其覆盖，其保温效果可比用草苫覆盖提高室温5℃左右。

(7)点火加温，增施二氧化碳 在温室内栽培作物，一般不需人工加温。但是，如果遇到强寒流袭击，室内夜间温度低于6℃时，则需进行室内点火加温，最好的加温方法是在设施内点燃沼气，每60～100平方米设1个沼气炉，通入沼气，并点燃使设施增温。用沼气加温不但能够提高设施内的温度，而且还可以增加设施内空气中的二氧化碳浓度，能大幅度地提高作物的光合效率与产量。如果没有沼气设备，可在傍晚采用炉火加温，但要注意预防一氧化碳中毒。

(8)在温室的墙体外面增设保温层 用普通农膜，或温室换下的旧薄膜，经裁截加工成膜宽3米左右，膜长为温室长度加山墙长度的和。将薄膜两端用熨斗加热，黏结成10厘米左右的缝筒，各插入3米长的毛竹，将其拉开、拉紧包住后墙与山墙的后半部。两端的毛竹，下头扎入地面泥土中，入土深30厘米以上，上头以铁丝缠系，固定于山墙外缘处，薄膜底部边缘埋于墙外土中。然后在墙与薄膜之间的缝隙内填满碎草，碎草厚约30厘米，再用泥土把薄膜上部边缘埋压于温室后坡上。如此处理后，温室墙体外面有一层良好的保温层，墙体热量不再向外散发，夜晚寒冷时，墙体热量只向室内释放，可显著提高温室内的夜间温度，一般可比不设保温层的提高3℃～5℃，对稳定严寒时期的温室夜温效果十分明显。

九、标准化生产与豆类蔬菜商品性

163. 什么是豆类蔬菜标准化生产?

豆类蔬菜标准化生产是农业标准化生产的组成部分,是指按照市场的需要、采用质量标准监控豆类蔬菜生产的全过程,向消费者提供符合标准的、高质量的豆类蔬菜产品。以"统一、简化、协调、优化"为原则,对豆类蔬菜生产的产前、产中和产后全过程进行控制,通过制定和实施标准,促进先进的科技成果和经验迅速推广,达到豆类蔬菜产品的安全优质的目的。

164. 发展豆类蔬菜标准化生产有何意义?

发展豆类蔬菜标准化生产在现代化农业生产中意义重大。

第一,标准化生产是提高豆类蔬菜品质、增强豆类蔬菜市场竞争力、进入国际市场的必然选择。标准化生产是提高我国豆类蔬菜在国际市场竞争力的需要,要扩大出口,必须推行标准化生产,使产品质量和结构同国际生产标准和市场要求接轨,生产出优质(绿色或有机食品豆类蔬菜)、具有国际竞争力的产品,把高质量的豆类蔬菜产品推向更广阔的市场,显著提高经济效益。

第二,豆类蔬菜标准化生产可以促进科学技术成果的转化,优化种植环境,投入合理化,既增产又降低成本,提高生产的安全性,实现豆类蔬菜商品性的优化,实现效益的最大化,增加农民的收入。豆类蔬菜标准化生产的核心是不断把生产豆类蔬菜的新技术、新成果、新材料转化为便于生产者掌握的技术标准和生产模式。豆类蔬菜标准化生产不仅可以推动豆类蔬菜科研新成果、新技术迅速转化和推广，也有利于更新豆类蔬菜生产者的观念，改变传统的生产习惯，促进豆类蔬菜由生产型向集约化转变，全面提高豆类蔬菜产业的科技水平。

第三，以豆类蔬菜标准化统一产、供、销行为，可以带动豆类蔬菜产业化、集团化的发展，是实现豆类蔬菜产业化的可行之路。

第四，豆类蔬菜标准化生产对于开发地方性优势产品、培育确立优势品牌、促进实施名牌战略和对于农业生产结构的调整都将起到很好的推动作用。

165. 豆类蔬菜标准化生产中存在的主要问题有哪些?

第一，尚有相当一部分人对无公害、绿色食品、有机蔬菜消费认识不清，没有形成内在的绿色安全消费的需求和庞大的绿色安全消费市场。

第二，多数蔬菜生产者的生产观念落后，对标准化生产缺乏足够的认识，尤其是对于无公害或绿色食品蔬菜产品，对其在市场的竞争力和市场发展趋势上更是认识不足。

第三，标准化生产体系在实施过程中还存在许多问题，需进一步完善。

166. 为什么说标准化生产可以有效地提高豆类蔬菜的商品性?

产品的质量是豆类蔬菜生产的核心，其质量的优劣直接关系到消费者喜爱程度。而豆类蔬菜生产具有很强的区域性和可塑性，不同的生产环境、不同的栽培管理措施都将会对豆类蔬菜产品质量产生很大的影响。“无规矩不能成方圆”，豆类蔬菜生产也是一样，若没有相应的技术标准来规范生产过程，或生产者完全凭借自己的陈旧观念来进行生产，所生产的产品质量难以满足市场的需要。通过实施标准化生产，结合当地气候、土壤等生产环境，制定出科学合理的标准体系，从种子肥料购进、育苗、肥水管理、病虫害防治、采收到采后处理严格执行标准，使蔬菜产品具有"绿色通行证"，从而保障了豆类蔬菜生产水平和产品质量的提高。

豆类蔬菜生产作为一项技术性要求很高的工作，科技所起到的作用不容忽视。选种育苗、平衡施肥、病虫害综合防治、采后处理等每一项技术进步都带动豆类蔬菜生产水平上一个新台阶。实践证明，标准化是科研成果转化为现实生产力的重要载体。标准体系的制定遵循"简化、统一、协调、选优"原理，不但强调其科学性和合理性，也注重其可操作性，与生产紧密相连，而不只是停留在科研层面。先进的科研成果、经验和技术，通过标准的形式加以规定，像工业工艺流程一样，从生产、管理到销售，使整个过程规范化、程序化，用工业化理念来指导豆类蔬菜生产，让菜农像车间工人一样标准化生产蔬菜。通过建立综合标准体系，实施全过程质量控制，将先进适用的农业科技成果转化为菜农一看就懂、一学就会、浅显明了的技术标准，进行普及推广，提高种菜整体技术水平，节约种菜成本，豆类蔬菜的产品质量、市场信誉和知名度都会得到很大的提升，为蔬菜销售者吸引客户，提高国内外市场占有率，利于农民增收。因此，标准化生产可以有效地提高豆类蔬菜的商品性。

167. 豆类蔬菜商品的质量标准大致包括哪几方面内容？

对于面积大、产量高、重要的豆类蔬菜商品应符合国家标准或部颁标准。对于一些稀少而且产、销比重小的豆类蔬菜商品应符合地方标准或企业标准。这些标准大致包括以下几方面的内容。

(1)定义 标准适用的范围和地区，适用的蔬菜种类、类型和品种，产品的消费方式等。

(2)品质规定 最低的品质要求，按品质特性要求的分级标准。

(3)大小的分级标准 按长短、直径、重量等分级分等。

(4)允许的不达标准产品的范围 包括品质规定不合格和大小规定不合格的产品,在总量中有允许的比例。

(5)产品外观上的要求 要求外观和内容的一致性包装。

(6)产品规格要求 商品、鉴定、种类、原产地、产品特征的简要说明、检验印章。

(7)采后商品化处理的技术标准 包装、贮运前的准备、包装技术和方法,贮运方法和条件以及贮藏期、货架期的期限。

(8)卫生检验的要求 商品中各种残留物所能通过的标准及合格证书。

168. 豆类蔬菜标准化生产体系包括哪几个方面?

豆类蔬菜安全生产标准化包括豆类蔬菜的产地环境标准化、质量标准化以及产后处理标准化。豆类蔬菜标准化生产,一是要保证豆类蔬菜产地环境标准化。豆类蔬菜产地环境标准包括灌溉水质量标准、生产加工用水质量标准、大气质量标准以及土壤质量标准等,这些环境要素必须达到豆类蔬菜安全生产的要求。二是要达到生产质量标准。生产质量标准要求在豆类蔬菜生产过程中,从育苗、移栽、施肥、病虫害防治等环节,要按照相应的操作规程实现标准化生产,包括在肥料施用上要利用生物肥料和有机肥料,推广高效、低毒农药及生物防治技术等。三是在采收、贮运、加工过程中要符合相应的标准。

169. 豆类蔬菜安全生产准入制度包括哪几方面内容?

(1)豆类蔬菜产地准入制度 通过对豆类蔬菜产地进行考察,对一些在环境、条件上不符合安全生产要求的产地禁止其从事豆类蔬菜生产。如高污染企业附近、一些有害元素超标的地区以及无机化肥使用过量的地段等,不得生产豆类蔬菜,其目的是从源头上把关，避免无效生产和浪费。

(2)流通市场准入制度 通过一系列的检测手段，对即将进入流通市场的豆类蔬菜进行药残检测，将不安全豆类蔬菜拒之门外。在实际运行过程中，为了减少检测时间，降低费用，一般是对蔬菜公司和基地的产品进行绿色认证，凡经认证的蔬菜公司和基地的产品可直接进入交易市场。通过这种流通市场准入制度，对蔬菜生产者进行制度约束，形成“市场倒逼”机制。经过认证的豆类蔬菜生产基地以及优质品牌的豆类蔬菜产品可以直接进入市场，这样既保证了豆类蔬菜质量，又降低了市场进入成本。

(3)投入品市场准入制度 即对与豆类蔬菜安全生产密切相关的农药、肥料、种子等投入品的经营实行市场准入制度，对于一些高残留农药、部分无机肥料和劣质种子等禁止进入市场流通，从上游杜绝不符合豆类蔬菜安全生产的农资产品流入市场，从源头上解决豆类蔬菜质量安全问题。

170. 豆类蔬菜为什么要建立安全追溯体系？

豆类蔬菜安全追溯体系是一个以商品条码为基础的物品编码系统，它是以无公害豆类蔬菜生产标准为依据，以信息技术为依托，以规范化数字档案为基础，以专题网站为载体的综合服务系统。它以 EAN/UCC 编码系统为主导，自动识别蔬菜的生产、包装、仓贮、运输、销售、购买及消费的全过程。信息化条码标识是绿色蔬菜身份和质量状况的信息载体，全面带动 GLN(全球位置码)、GTIN(全球贸易编码)的大规模应用。它采用电子拍卖、网上销售等电子商务模式，开展区域豆类蔬菜供应链的跟踪与追溯研究，能够为消费者、生产者和各级管理部门提供无公害豆类蔬菜方面的综合服务。利用蔬菜安全追溯体系，监管部门根据“从田间到餐桌”完整的信息资料，可以加强蔬菜安全的监管和控制，为公众和政府提供蔬菜质量安全信息的预测、风险评估和预警。消费者如果发现蔬菜质量问题，即可通过编码系统进行追溯，查明责任。通过市场追溯制度，不仅能够有效维护消费者权益，而且可以督促经营者在生产及流通各环节加强质量安全管理，完成“产地与销地”、“市场与基地”的对接，真正为市场提供可靠的豆类蔬菜。另一方面，实施豆类蔬菜安全追溯，还可以满足消费者的知情权和选择权，保障消费者的合法权益，也为中国豆类蔬菜产品走向世界、为国外同类企业走进中国提供高效通道。

在追溯体系建设上，由豆类蔬菜基地负责田间档案和加工信息建立。其中田间档案包括：生产者的信息、栽培种类、栽培茬品、土壤处理、是否轮作、栽培品种、种子处理、施肥时间、病虫害发生情况、施药时间等信息。加工信息包括：采摘时间、加工时间、包装规格以及加工者等信息。由销售者负责流通信息的建立包括：产品销售地点、产品上柜时间、价格等。一旦出现豆类蔬菜产品质量问题，管理者可以从各个环节开展追踪，确保快速及时地找出问题的根源，将损失降到最低程度。

171. 农业标准化基地应具备哪几个基本条件？

农业标准化基地应具备以下 10 个基本条件：一是基地环境（土壤、水、大气）质量符合国家有关标准；二是种植区域相对集中连片，并具备一定规模；三是所种植的作物有现行标准可循，并结合实际制定相应的技术操作规程；四是基地管理体系、管理制度及服务体系比较健全；五是产品出口率或商品率高，市场份额大；六是生产放心农产品、无公害产品、绿色食品、有机食品；七是实行产业化经营，龙头企业连基地，基地带农户；八是经营管理上有独立的法人；九是基地产品有注册商标；十是当地政府重视农业标准化工作，有相应的标准基地建设发展规划及有关配套政府措施。

172. 在标准化生产中怎样选择环境才能提高豆类蔬菜商品性(安全生产的环境要求、不同生产目的的环境选择、优生区的选择)?

豆类蔬菜生产与其生长环境存在非常紧密的关系,生长环境是否优良,直接影响到豆类蔬菜的商品性。没有好的生长环境条件,就没有好的产品,如果因生长环境受到污染,各种有害有毒物质就会通过大气、水源和土壤等因素,直接附着在豆类蔬菜植株表面和进入植株体内,影响其生长发育,造成产品污染,最终危及人类健康甚至生命安全。

要提高豆类蔬菜的商品性,必须选择好的生长环境条件。选择良好的环境条件,才能从"源头"上控制污染。在豆类蔬菜的标准化生产中,规定其产地应选择在生态条件良好,远离污染源,具有可持续生产能力的农业生产区。环境中的空气质量、农田灌溉水质量和土壤环境质量都要符合豆类蔬菜标准化生产的要求。

2002年农业部颁布的蔬菜生长环境质量标准(NY 5010—2002)具体规定了豆类蔬菜的环境要求标准。对空气质量的要求标准是空气中总悬浮颗粒物的浓度限值在标准状态下,日平均浓度低于0.3毫克/米^3;二氧化硫的浓度限值在标准状态下,日平均浓度低于0.25毫克/米^3,任何1小时平均浓度低于0.7毫克/米^3;氟化物的浓度限值在标准状态下,日平均浓度低于7毫克/米^3。日平均指任何1日的平均浓度;1小时平均指任何1小时的平均浓度。

对农田灌溉水质的要求标准是pH值的浓度限值为6.5～8.5;化学需氧量的浓度限值低于150毫克/升,对采用喷灌方式灌溉的菜田,化学需氧量的浓度限值应满足低于40毫克/升的要求;总汞的浓度限值低于0.001毫克/升;总镉的浓度限值低于0.01毫克/升;总铅的浓度限值低于0.1毫克/升;总砷的浓度限值低于

0.05 毫克/升；铬（六价）的浓度限值低于 0.1 毫克/升；氰化物的浓度限值低于 0.5 毫克/升；石油类的浓度限值低于 1 毫克/升；粪大肠菌群的浓度限值低于 10 000 个/升，对采用喷灌方式灌溉的菜田，粪大肠菌群的浓度限值应满足低于 40 000 个/升的条件要求。豆类蔬菜栽培环境的灌溉水中各项污染物含量不应超过标准含量限值。总的要求是水质清洁，没有对产地构成威胁的工业污染源。

对环境土壤质量的要求标准是在土壤 pH 值小于 6.5 时，总镉的含量限值低于 0.3 毫克/千克；总汞的含量限值低于 0.3 毫克/千克；总砷的含量限值低于 40 毫克/千克；总铅的含量限值低于 250 毫克/千克；总铬的含量限值低于 150 毫克/千克。在土壤 pH 值为 6.5～7.5 时，总镉的含量限值低于 0.3 毫克/千克；总汞的含量限值低于 0.5 毫克/千克；总砷的含量限值低于 30 毫克/千克；总铅的含量限值低于 300 毫克/千克；总铬的含量限值低于 200 毫克/千克。在土壤 pH 值大于 7.5 时，总镉的含量限值低于 0.6 毫克/千克；总汞的含量限值低于 1 毫克/千克；总砷的含量限值低于 25 毫克/千克；总铅的含量限值低于 350 毫克/千克；总铬的含量限值低于 250 毫克/千克。

选择清洁的空气、纯净的灌溉水、无污染的土壤是进行豆类蔬菜标准化生产的基础，只有保障空气、水、土壤都符合国家标准规定的栽培环境，才能保证豆类蔬菜有良好的生长环境，才能生产出食用安全的豆类产品，才能提高其商品性。

173. 豆类蔬菜标准化生产管理应从哪几个方面进行规范（种植管理程序的规范、生产资料的规范、病虫害防治的规范）？

豆类蔬菜的标准化生产是指按照市场的需要，对其生产的全过程进行质量标准监控，也就是运用“统一、简化、协调、优化”的原则，对豆类蔬菜生产的产前、产中、产后全过程进行控制，确保向消费者提供符合标准的，高质量的豆类蔬菜产品。豆类蔬菜标准化生产主要要求产地环境标准化、生产过程标准化、产品质量标准化和产品采后处理标准化等。所以，豆类蔬菜的标准化生产管理应从产地环境、种植管理程序、生产资料的使用、病虫害的防治、产品的采后处理等几个方面来进行规范，制定生产管理技术规程，指导群众按照技术规程进行标准化生产，从品种选择、肥料供应、农药使用等环节严格把关，确保生产出的产品放心安全。

蔬菜产地环境标准(NY 5010—2002)对豆类蔬菜产地的空气质量、农田灌溉水质量、土壤环境质量进行了具体规范。总的原则是应选择在生态条件良好，远离污染源，并具可持续生产能力的农业生产区域。

种植管理程序规范中要求品种的选择应符合当地种植条件，且优质、高产、抗病，同时对种子质量应进行控制，根据不同的品种，不同的茬口适时播种，播种前要求对种子进行消毒处理，苗期和定植后的管理也都有一定的标准要求。在生产资料的使用规范中要求肥料以有机肥为主，配方施肥为辅，不能滥施，少施氮肥，以减少肥料造成的污染。农药的使用上严禁高毒、剧毒农药，在农膜等其他的生产资料上也有相应的规范标准。通过对生产资料的规范，控制了最重要的污染来源，因在实际生产中，大部分的污染残留都来自生产资料的不合理应用造成的。在病虫害防治的规范中多以农业防治、生物防治和物理防治为主，以化学防治为辅。进行化学防治时要注意农药的使用范围和使用剂量，以减少农药残留。

在豆类蔬菜产品的采后处理规范中，对其采收、分级的质量要求、检验方法、检验规则、产品的包装、贮藏运输等规定了具体的标准。豆类蔬菜的质量标准包括产品的感官质量标准、营养质量标准和卫生质量标准等几个方面。

豆类蔬菜的标准化生产管理通过对以上各个方面的规范要

求，保证了豆类蔬菜的全部生产过程都进行了质量控制，从而保证了产品的质量，提高了产品的商品性，增强了产品的市场竞争力。

174. 标准化的生产管理为什么能提高豆类蔬菜的商品性（科学有效安全、投入产出合理）？

标准化生产管理规范了豆类蔬菜的生产过程，对其进行了全程的质量监控，提高了豆类蔬菜的内在品质和菜农的标准化生产意识，增强了豆类蔬菜的市场竞争力，提高了豆类蔬菜的商品性。因豆类蔬菜标准化的生产管理首先是对产地环境进行了规范，环境中的空气质量、农田灌溉水质量、土壤质量都有相应的国家标准，生产过程中严格按照标准来选择环境，就会从源头上控制因环境污染而造成的豆类蔬菜产品的污染问题。标准化生产管理同时也制定了标准化的生产技术规程，并制定了科学合理的技术实施方案。对化肥、农药等投入品规范了科学合理的使用规则。大力提倡使用农家肥，严格规范化肥的使用，实行测土配方施肥，不过量施用化肥；推广高效、低毒、低残留农药，不使用国家明令禁止剧毒、高毒、高残留农药，使菜农在生产中有标准可依。另外标准化生产管理也加强了群众的技术培训、咨询、指导工作，使他们明白标准化生产的各项措施，自觉的按照标准来生产，科学合理地使用各种肥料、农药，避免了亚硝酸盐含量超标和农药残留。

标准化的生产管理模式能够做到实行统一供种、统一提供化肥农药、统一施肥喷药、统一生产管理、统一检测等。便于政府对整个生产过程进行全程监控，杜绝了假冒伪劣农资产品流入市场和进入生产环节，从源头上控制高毒、高残留和假冒伪劣农药。保证所产豆类蔬菜污染残留不超标，保障了生产安全。

标准化的生产管理使生产资料合理投入，减少了对环境中土、水、气的污染，保证了生产环境的安全性和可持续性。标准化生产管理使生产过程科学化、有效化和安全化，从而使豆类蔬菜的质量和产量都得到了保证，提高了产品的商品性，增强了产品的市场占有率，豆类蔬菜的社会效益和经济效益都得到了提高。

175. 在豆类蔬菜标准化生产中应如何制定种植管理规程（根据豆类蔬菜习性及环境基础、区域差别、种植目的来定）？

在豆类蔬菜标准化生产中，种植管理规程包括品种选择、种子质量控制、播种时间、播种量、种子处理、育苗、定植、田间管理等的技术规程。由于不同的豆类蔬菜有不同的管理措施，相同的豆类蔬菜也因栽培模式、栽培季节的不同而有不同的种植管理技术。种植管理技术还因不同的栽培区域而存在差异。在制定种植管理规程时，应根据不同的品种类型、不同的栽培模式、不同的栽培季节，按照国家标准和农业行业标准，结合生产地的具体情况制定标准化生产技术规程。

在制定具体的种植管理规程时，首先要对栽培类型、栽培品种、播种技术、定植技术、水肥管理、病虫害防治等内容进行试验、分析、研究，选择出最佳操作时期和方法，制定切实可行的豆类蔬菜生产技术操作规范，并及时在生产中推广应用。规程不能太复杂，要让菜农看得懂，能够按照规程实际操作。

种植管理规程要求根据当地实际环境条件、栽培季节、栽培茬次和栽培目的选择相应品种，品种要求商品性好、效益高、抗逆性强。种子质量应符合国家统一标准，播种时间、播种量、定植等按当地实际制定，化肥和农药等生产资料的使用要制定统一的标准，什么肥料能用、什么农药能用，用多少，如何用，都应制定比较详细的规程，让菜农好学好用。

176. 在豆类蔬菜标准化生产中如何确定病虫害防治规程(以防治为主的理念,安全性、规程化,合理的投入)?

豆类蔬菜的标准化生产中,病虫害防治应遵循“预防为主、综合防治”的方针,坚持以“农业防治、物理防治、生物防治为主,化学防治为辅”的无害化控制原则。农业防治是通过改善生态环境,创造不利于病害发生的条件来达到控制病虫害的目的。主要措施有因地制宜选用抗病虫品种,控制病虫害侵染源,种子处理,培育适龄壮苗,适时定植,加强田间管理,科学施肥和灌溉,有计划地实施轮作制度,调整播种期与收获期,避开病虫害危害高峰,及时拔除病重株,摘除病叶、病果,带出田间或棚室外烧毁或深埋。对豆类蔬菜采取农业措施的确可防治多种病虫害。如实行轮作、倒茬可防治豆类蔬菜的细菌性疫病、锈病、炭疽病、煤霉病等,炭疽病还可用种子消毒,增施磷、钾肥的方法防治;毛豆的紫斑病可选用无病种子、实行轮作、深沟高畦种植来防治;冬季深翻晒土、冻垡可杀死豆野螟的幼虫和蛹。

物理防治措施可利用昆虫的趋光性,在菜田挂银灰膜避蚜,用黄色机油板、黑光灯、频振式杀虫灯、糖醋液、性激素等诱杀。在保护地采取遮阳网、防虫网、高温闷棚等措施防止昆虫迁入或杀灭病虫。这些物理措施既不污染,还可重复使用。

生物防治可利用自然天敌防治害虫,如用七星瓢虫、草蛉防治蚜虫、螨类。大力推广使用生物农药,生物农药如Bt乳剂、青虫菌、虫螨克、螨克素、拒食剂及各种抗生素药剂,如井冈霉素、农用链霉素等生物农药对豆类病虫害有很好的防治效果,且不伤天敌、不污染环境、对人畜安全。如用5%氟啶脲悬浮剂1 000～2 000倍液可防螟虫。积极推广植物源农药,如大蒜或大葱捣烂后的过滤液加水喷雾,可防红蜘蛛、蚜虫等。鲜楝树叶捣烂后的过滤汁液加水喷雾,可防治菜青虫、菜蛾。

化学防治是在不得不用的情况下采用的防治措施，化学防治要严格遵守农药安全使用标准，严格执行农药合理使用准则，科学合理使用农药。严格控制好安全间隔期。禁止使用的高毒、高残留农药如甲胺磷、克百威、杀虫脒、甲基对硫磷、久效磷、五氯酚钠等严禁使用。可用的高效、低毒、低残留农药要按要求严格掌握施用剂量和方法，要认准病虫害的种类，有针对性地使用农药，要适期用药。如豇豆野螟的药剂防治应从花期开始，每天上午9时开花时喷药，喷药的重点部分是花蕾、花朵、嫩荚较密集的地方，尽量做到“治花不治荚”，把害虫消灭在初龄蛀荚之前。

标准化生产中，只有通过实施病虫害的综合防治，大力推广农药减控技术，开展农药安全使用，才能最终达到生产出无农药残毒的食用安全的豆类蔬菜。

177. 在标准化生产中如何规范豆类蔬菜采后处理？

严格规范豆类蔬菜采后处理的操作规程，是我国豆类蔬菜商品占有国内市场，参与国际竞争，适应现代市场经济的客观要求。豆类蔬菜采后处理的规范中包括采收标准、分级标准、包装运输标准和贮藏保鲜标准。

(1)采收标准 豆类蔬菜类别较多，不同的类别，不同的栽培季节采收标准不太相同。如豇豆在春播时，花后5～10天始收，夏播时花后6～8天始收。通常采收应在嫩荚充分饱满、种子刚刚显露时进行。进入收获期后，每隔3～4天采收1次，4～5天以后逐渐失去商品价值，因此要适时采收，确保商品性，获得高效益。矮生种可连续采收15～20天，蔓生种可连续采收30～45天。采收时不要损伤留下的花序及幼小豆荚；毛豆的采收期因品种和播种不同而异。籽粒丰硕饱满、豆荚鲜绿色时为采收适期，采收过早或过晚均会影响产量及品质；荷兰豆要求在豆荚的长和粗达到最大限度、豆粒刚刚鼓起时采收，及时采收可提高品质和产量，采收过早则影响产量，采收过迟可使豆荚纤维增多，品质下降，还会影响植株生长，落花落荚。

采收豆类蔬菜的外观品质、卫生指标都要符合标准化生产的规范标准。外观品质要求豆类蔬菜如菜豆、豇豆、荷兰豆等的外观商品性好，鲜嫩、无萎蔫、颜色正常、有光泽、种皮未变硬、无腐烂、无病虫害、冷害、冻害和机械伤等。卫生指标规定采收产品中氟的含量低于1毫克/千克，砷的含量低于0.2毫克/千克，汞的含量低于0.01毫克/千克，镉的含量低于0.05毫克/千克，硒的含量低于0.1毫克/千克，锌的含量低于20毫克/千克，稀土（以鲜品种计）的含量低于0.7毫克/千克，六六六的含量低于0.05毫克/千克，滴滴涕的含量低于0.05毫克/千克，辛硫磷的含量低于0.2毫克/千克，倍硫磷的含量低于0.05毫克/千克，乐果的含量低于0.5毫克/千克，敌敌畏的含量低于0.1毫克/千克。要满足这样的卫生指标标准，必须按农药使用准则在采收前一定时间停止用药，在安全间隔期内严禁采收上市。采收过程中所用工具要清洁、卫生、无污染。

(2)分级标准　豆类蔬菜分级时根据产品的大小、形状、色泽等感官表现进行分级，使同一等级、同一规格、同一包装内的产品在外观上具有均一性，达到商品化标准。分级淘汰病、虫、伤等不合格的产品。分级时必须按照国家颁布的豆类蔬菜等级和规格划分的行业标准规定执行，基本要求是同一品种、完好、无腐烂、无变质；清洁，不含任何可见杂质；外观新鲜；无异味；无病虫及无病虫害导致的损伤。

(3)包装运输标准　豆类蔬菜包装必须符合国家鲜食蔬菜包装的技术标准，盛装的容器应大小一致，整洁、干燥、牢固、透气、美观，无污染、无异味，内部无尖突物，外部无钉刺，无虫蛀、腐朽、霉变现象，纸箱无受潮、离层现象。特别是重复使用的包装容器，应彻底清洗表面的污垢，并在使用前进行消毒处理，防止病害的发生。同一包装内的产品应按同一顺序摆放整齐紧密；每一包装内的产品应是在同一个地方生产、同一等级、同一规格的产品。装好箱后应用塑料胶带和包装封条将包装箱封牢。同一批豆类蔬菜的包装规格和净含量必须一致。

进行包装运输的豆类产品在采下后应尽快放入预冷库或冷库中，除去田间热、降低呼吸作用，使豆温降至10℃左右，并在预冷库内进行挑选、分级、包装。菜豆、豆角可用塑料筐或瓦楞纸箱包装，甜豌豆、荷兰豆多用泡沫箱包装或用聚乙烯薄膜袋小包装。包装后应按照国家标准在运输和销售包装上表明产品标准编号、商标、品种名称、生产单位名称、详细地址、产地、等级、规格、净含量和包装日期等信息，并且加盖行政管理部门的检验章；销售小包装上还可以注明价格。用于托运的包装还应注明发货人(单位)和收货人(单位)的地址和姓名(名称)，托运产品的数量等信息。

运输过程中应严格执行国家关于豆类蔬菜运输的标准，严格保证运输需要的适宜环境，防止产品产生机械伤害，以免病菌的侵染。采收后立即上市并在常温下销售的可不进行预冷处理。需异地销售时，收获后应就地分级，尽快修理工整，及时预冷、包装和运输。运输时要轻装、轻卸，严防机械损伤。运输工具应清洁、卫生、无污染。每次使用前必须对货箱进行清扫和熏蒸消毒。消毒后需经过一段时间通风再装箱运输，以防止消毒剂残留引起的污染。货箱内应设置支架，以稳固装载。运输时应轻拿轻放，严防机械损伤。短距离运输可采用较轻型的运输工具在常温下运输，严防日晒雨淋。长距离运输应采用火车等大型运载工具。通常冬季或寒冷地区运输应采用保温车或保温集装箱，夏季运输应采用冷藏车或冷藏集装箱，尽可能使温度保持在10℃左右。

(4)贮藏保鲜标准 贮藏保鲜是调节市场供应的一种技术手段。在贮藏中通过对环境的控制，尽量使产品保持原有的优良品质，延长其采后生命，延迟上市，提高价格，增加产值。豆类是很难保鲜的蔬菜，贮藏中的主要问题是产品表皮易出现褐斑，易失水萎蔫，豆荚老化，食用品质降低。多采用低温贮藏，一般只宜贮藏2～3周，无冷藏条件的只能贮放1周以内。适宜的贮藏条件温度为7℃～10℃，空气相对湿度为85％～90％，但也不能太高，否则会造成严重腐烂。贮运过程中要避免温度波动过大，豇豆、菜豆在低于6℃的温度下贮运时易发生冷害，高于10℃以上则会导致豆荚纤维化。

豆类蔬菜是对二氧化碳较为敏感的蔬菜，二氧化碳积累也是导致锈斑发生的重要因素。采用气调贮藏时，二氧化碳浓度为1％～2％，氧气浓度为6％～10％。合理的选择品种，也是贮藏的关键，一般应选择抗病性强、纤维少、品质好、商品性好的品种。适时采收也影响到豆类蔬菜的耐贮性，采收过早，组织嫩，不耐贮藏，采收过晚，纤维增多，品质降低。具体的采收标准还要根据不同的豆类蔬菜类型确定。如菜豆要在豆荚刚长成、豆粒膨大至中等、荚壁未硬化时即可采收。

贮藏方法很多，有低温贮藏、水窖贮藏、通风窖贮藏、冷库贮藏、气调贮藏、无滴膜帐贮藏、氮气调节贮藏等。贮藏时须按品种、等级与规格分别存放。堆码时要小心谨慎，轻卸、轻装，严防挤压碰撞，严防产品损伤。堆码方式须保证气流能均匀地通过垛堆。贮藏库须有通风换气装置，以确保温度和湿度的稳定均匀。贮藏期间应定期检查，如果发现皱缩或病虫害产品，要及时剔除。

塑料棚温室蔬菜病虫害防治(第二版) 6.00元
棚室蔬菜病虫害防治(第2版) 7.00元
北方日光温室建造及配套设施 8.00元
南方早春大棚蔬菜高效栽培实用技术 14.00元
保护地设施类型与建造 9.00元
园艺设施建造与环境调控 15.00元
两膜一苫拱棚种菜新技术 9.50元
保护地蔬菜病虫害防治 11.50元
保护地蔬菜生产经营 16.00元
保护地蔬菜高效栽培模式 9.00元
保护地甜瓜种植难题破解100法 8.00元
保护地冬瓜瓠瓜种植难题破解100法 8.00元
保护地害虫天敌的生产与应用 9.50元
保护地西葫芦南瓜种植难题破解100法 8.00元
保护地辣椒种植难题破解100法 8.00元
保护地苦瓜丝瓜种植难题破解100法 10.00元
蔬菜害虫生物防治 17.00元
蔬菜病虫害诊断与防治图解口诀 14.00元
蔬菜病虫害防治 15.00元
新编蔬菜病虫害防治手册(第二版) 11.00元
蔬菜植保员培训教材(北方本) 10.00元
蔬菜植保员培训教材(南方本) 10.00元
无公害果蔬农药选择与使用教材 7.00元
蔬菜植保员手册 76.00元
蔬菜优质高产栽培技术120问 6.00元
商品蔬菜高效生产巧安排 4.00元
果蔬贮藏保鲜技术 4.50元
青花菜优质高产栽培技术 8.50元
大白菜高产栽培(修订版) 4.50元
南方白菜类蔬菜反季节栽培 6.00元
怎样提高大白菜种植效益 7.00元
白菜甘蓝病虫害及防治原色图册 16.00元
紫苏菠菜大白菜出口标准与生产技术 11.50元
萝卜标准化生产技术 7.00元
萝卜高产栽培(第二次修订版) 5.50元
牛蒡萝卜胡萝卜出口标准与生产技术 7.00元